ETF交易策略 上篇

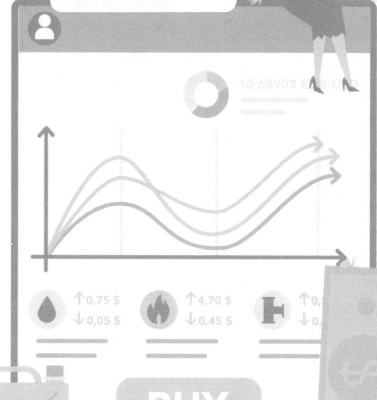

香港財經移動研究部

目錄

序

我們生活在一個充滿機會的時代，尤其是在投資領域。然而，機會並不保證成功。成功的投資，需要有深思熟慮的策略、堅定的紀律，以及對投資領域的深入理解。這就是我們寫作《ETF交易策略》的初衷。

本書分為上下篇，上篇探討了 ETF的各種類型，包括股票 ETF、債券ETF、商品 ETF、產業 ETF和國際 ETF等，解釋這些不同類型的ETF如何運作，以及它們如何能夠成為投資組合的一部分。

上篇從基礎開始解釋 ETF是什麼，它們是如何運作。我們還探討了各種 ETF交易策略，並提供了實用的建議，幫助投資者創建和管理他們的 ETF投資組合。本書廣泛探討投資ETF的優勢，包括其多元化、多樣性、透明度、流動性以及簡單性等。另一方面，對於 ETF的缺點，本書內容也有所披露，例如流動性風險、升貼水、追蹤誤差、行業風險、貨幣風險等。使投資者更加明白投資 ETF的正反面。

上篇解構了 ETF的費用成本、稅務效率、收益分配，並且提供大量實例作為說明，還討論如何設定投資目標，選擇適合個人風險承受能力的ETF。書中設定了一個典型中產家庭的場況，示例投資 ETF的策略和回報。上篇卜還詳細解說了不同經濟指標與 ETF的關係，以及相關的投資選擇，

分析不同行業和產業的 ETF的投資時機。本書也探討了影響 ETF收益率的各種因素，並羅列各種高收益 ETF的例子。

下篇將介紹一些進階的 ETF交易策略，包括使用槓桿和反向 ETF來放大市場回報或對沖市場風險，以及如何利用 ETF期權來提高投資組合的收益潛力。下篇也討論了如何進行基本面和技術分析，以幫助投資者做出更好的交易決策。

在建立 ETF投資組合部分，本書將提供實用的建議，幫助個人創建一個符合其投資目標和風險承受能力的投資組合。我們將解釋如何選擇適合的ETF，以及如何進行投資組合的平衡和維護。

希望這本書能夠為大家提供一個全面的 ETF交易指南，幫助個人投資者在這個快速變化的市場中取得成功。無論是初學者還是經驗豐富的交易員，相信都能夠從這本書中獲得寶貴的見解。希望這本書能夠為大家提供一個全面的 ETF交易指南，幫助個人投資者在這個快速變化的市場中取得成功。投資並不是一條直道。有時，市場會讓我們感到困惑，甚至有些恐慌。但是，我們相信，只要有正確的工具和知識，就能夠在這個市場中找到自己的道路。

須留意的是，本書中所有 ETF例子的資訊如價格、資產值、費用率等等數字是基於 2023年 6月至 8月的數據。由於金融市場變化瞬息萬變，該等數據只能作為參考說明，讀者必須自行檢視最新數字。

香港財經移動研究部

第一部份
ETF 由淺入深

1 ETF 基本知識

1.1 ETF的結構

交易所交易基金（ETF）是一種投資基金和交易所交易產品，就像個股一樣在證券交易所交易。ETF持有股票、債券或商品等資產，旨在追蹤特定指數的表現。 ETF的獨特之處在於它們結合了共同基金的多元化投資和股票的靈活性，而且透明度更高。

ETF的結構有多種：開放式基金、單位投資信託和授予人信託。不同的結構會影響 ETF的投資限制、稅務以及創建／贖回流程。大多數 ETF是開放式基金，可以隨時發行和贖回份額。

1.2 ETF類型

投資者可以選擇多種類型的 ETF，包括：

市場 ETF：這些 ETF旨在追踪標準普爾 500指數或納斯達克指數等特定指數。

產業和產業 ETF：這些 ETF針對特定的業務產業或產業，例如技術、醫療保健或金融。

債券 ETF：這些 ETF專注於債券投資。它們可以涵蓋各種期限長度和

發行人類型。

商品 ETF：這些 ETF投資於貴金屬、石油或農產品等商品。

風格 ETF：這些 ETF旨在追蹤遵循特定投資風格（例如價值或增長）的指數。

國際 ETF：這些 ETF追踪非美國市場或特定國際地區或國家。

反向和槓桿 ETF：這些 ETF使用金融衍生品和債務來放大基礎指數的回報或提供這些回報的倒數。

1.3 ETF的交易方式

ETF與個股一樣在主要交易所交易。這意味著它們可以在整個交易日內以根據供需變化的價格進行買賣。這是與共同基金的關鍵區別，共同基金僅在交易日結束時定價和交易。

1.4 ETF的優點

ETF 為投資者提供了多項優勢：

多元化：與共同基金一樣，ETF提供了一種投資多元化投資組合的方式，而無需購買每種證券。

靈活性：ETF可以在整個交易日內買賣，提供與股票類似的靈活性。

成本更低：大多數 ETF都是被動管理的，旨在追踪指數而不是跑贏指數。與主動管理的基金相比，這通常會導致較低的費用比率。

透明度：ETF每天披露其持有量，為投資者提供透明度。

想了解投資 ETF的好處，可看以下 QQQ、MSFT、META、GOOGL、AMZN、TSLA、AAPL這幾隻股票在 2023年初至七月中的股價變化和升幅：

股票代號	2023年1月2日收盤價	2023年7月12日收盤價	變化幅度	升幅
QQQ	358.42美元	370.29美元	+11.87美元	+3.31%
MSFT	332.56美元	337.99美元	+5.43美元	+1.63%
META（原FB）	268.11美元	290.53美元	+22.42美元	+8.36%
GOOGL	121.23美元	119.90美元	-1.33美元	-1.10%
AMZN	131.36美元	130.22美元	-1.14美元	-0.87%
TSLA	261.77美元	279.82美元	+18.05美元	+6.90%
AAPL	189.97美元	192.46美元	+2.49美元	+1.31%

從表中可以看出，在這段期間，META 的升幅最高，達到了 8.36%，其次是 TSLA，升幅為 6.90%。而 GOOGL 和 AMZN 則是下跌了一點點。其他股票的升幅都在 3% 以下。

微軟、META、谷歌、亞馬遜、特斯拉、蘋果都是當今美國最大的科企，但他們的股價表現不盡相同。如果投資者看好美國科企股，以上六隻股票中只有兩隻在今年迄今表現比較突出，閉起眼下注的話，只有三分一機會買中。其實投資者有另外一個選擇，就是購買美國科技股的 QQQ ETF，便有機會獲得比買單股更大的回報，而風險也較低。

QQQ 是一個美國的交易所買賣基金 (ETF)，它追蹤的是那斯達克

100 指數，也就是在那斯達克證券市場上市的 100 家最大的公司，主要以科技股為主。

QQQ 的基本資料

QQQ 的全名是 Invesco QQQ Trust，由美國 Invesco PowerShares 發行，成立於 1999 年 3 月 10 日。

QQQ 的費用率是 0.2%，也就是每年投資 1000 元，會被扣除 2 元的管理費。

QQQ 的持股數量是 102 檔，前 10 大持股佔比約 56.64%。最大的成分股是微軟、蘋果、亞馬遜、輝達、Alphabet 等。

QQQ 有配息，每季配息一次，配息日期通常在 3／6／9／12 月。

QQQ 的優缺點

QQQ 的優點是主要集中投資科技股，成長性強，過去 10 年來相對強勢的指數，同期表現勝過 S&P500 很多。

QQQ 的缺點也是成分股都集中在科技股，因此波動風險也大，曾有高達 -80% 的跌幅。而且過去表現不代表未來表現，這點要特別留意。

QQQ 與類似 ETF 比較

除了 QQQ 之外，還有一些其他追蹤科技股或納斯達克指數的 ETF，例如 XLK、IYW、ONEQ 等。

這些 ETF 之間有一些差異，例如費用率、持股數量、追蹤指數等。以下是一個簡單的比較：

ETF代號	費用率	規模（億美元）	追蹤指數
QQQ	0.20%	1700	納斯達克100指數
XLK	0.12%	400	S&P500資訊科技指數
IYW	0.42%	70	道瓊美國科技指數
ONEQ	0.21%	40	納斯達克指數

QQQ 的歷史回報

根據雅虎財經，QQQ 從 1999 年 3 月 10 日成立至 2023 年 7 月 12 日，累積回報率達到了 1,947.97%，年化回報率約為 14.67%。QQQ 的回報率在不同的時間段有所差異，以下是一些時間段的回報率：

時間段	回報率
1個月	0.86%
3個月	8.83%
6個月	16.47%
1年	38.41%
3年	28.20%
5年	25.33%
10年	21.42%

QQQ 的回報率也會受到市場環境和科技股表現的影響，例如在 2000 年至 2002 年的網路泡沫期間，QQQ 曾經跌幅超過 80%。而在近十

年來，由於科技股的強勢表現，QQQ 也超越了其他追蹤美國大盤指數的 ETF，例如 VOO 和 VTI。

QQQ 雖然有較高的回報率，但也有較高的風險。根據晨星公司（Morningstar Inc.）的數據，截至 2023 年 6 月 30 日，QQQ 的三年標準差（一種衡量波動性或風險的指標）為 19.66%，而 VOO 和 VTI 分別為 16.75% 和 16.76%。

QQQ 的 Sharpe 值（一種衡量風險調整後報酬率的指標）為 1.43，而 VOO 和 VTI 分別為 1.45 和 1.46。這表示 QQQ 每承擔一單位風險，所能獲得的超額報酬（即超過無風險利率的部分）並不比 VOO 和 VTI 高。因此，投資 QQQ 需要有足夠的風險承受能力和長期持有的耐心。如果想要追求更穩健或更分散的投資方式，可以考慮其他追蹤美國全市場或其他產業或地區的 ETF。

1.5 ETF的缺點

儘管有以上的優點，ETF 也有潛在的缺點：

交易成本：雖然 ETF 本身的費用率通常較低，但交易成本可能會增加，特別是對於頻繁交易的投資者而言。

流動性問題：一些 ETF，特別是針對特定產業或地區的 ETF，可能交易較疏，這可能導致流動性問題和較大的買賣價差。

追蹤誤差：ETF 的表現與其基礎指數之間可能存在差異，稱為追蹤誤差。

2 ETF 的結構

2.1 開放式基金（Open-End Fund ETF）

主動式基金 ETF和傳統 ETF都是開放式基金的一種，但它們有不同的定義和特徵。開放式基金是指可以隨時向投資者發行或贖回基金單位的基金，其價格由市場供需決定。傳統 ETF是一種在證券交易所上市交易的開放式指數基金，旨在追蹤、模擬或複製一個特定的指數或基準。主動式基金 ETF是一種在證券交易所上市交易的開放式主動管理基金，它有一個基金經理，根據自己的研究和策略，決定買賣哪些證券。

傳統 ETF和主動式基金 ETF之間的主要區別

管理方式：主動式 ETF和傳統 ETF的主要區別在於管理方式和投資目標。主動式 ETF是由基金經理團隊挑選投資目標，旨在跑贏市場指數或其他基準。傳統 ETF則是被動地追蹤特定指數或產業的表現，盡量減少與指數的追蹤誤差。主動式 ETF通常有更高的管理費用和交易成本，也有更高的風險和回報潛力。傳統 ETF則相對低成本和低風險，但也難以超越市場平均水準。

費用率：傳統 ETF通常有較低的費用率，因為它們不需要支付高昂的管理費或銷售費用，只需支付交易手續費和交易稅。主動式基金 ETF通常

有較高的費用率，因為它們需要支付管理費、銷售費用、表現費等，以及交易手續費和交易稅。

折溢價：傳統 ETF和主動式基金 ETF都有折溢價的風險，因為它們的市價是由供需決定的，可能會高於或低於其淨值，造成買賣時的價差。但是，傳統 ETF可以每天創建或贖回新的股份，以維持市價和淨值之間的關係。至於主動型 ETF是否隨時可以發行和贖回股票，這取決於 ETF的發行商和授權參與者的協議。一般來說，主動型 ETF的發行和贖回機制與傳統 ETF相似，都是透過授權參與者在初級市場以基金淨值進行申購或買回。但是，主動型 ETF的發行商可能會限制授權參與者的數量或資格，或者要求他們遵守一些保密條款，以防止 ETF的投資策略被揭露或模仿。因此，主動型 ETF的發行和贖回可能不如傳統 ETF那麼頻繁或靈活，可能會出現較大的折溢價。

稅務處理：在美國，由於創建／贖回過程，傳統 ETF通常能夠更有效地管理其資本利得稅。然而，這會根據具體的稅法和 ETF的特定情況而變化。舉例來說，Vanguard Total Stock Market ETF (VTI) 是全球最大的 ETF，它追蹤 CRSP US Total Market Index，涵蓋了美國股票市場的廣泛範疇。另一方面，PIMCO Enhanced Short Maturity Active ETF (MINT) 是一種短期債券 ETF，追蹤 BofA Merrill Lynch US Treasury 1-3 Year Index，投資於到期日在一至三年內的美國國庫券。VTI會發放股息，而 MINT不會。因此，持有 VTI的非美國居民投資者需要在美國繳納 30%的預扣稅，而持有 MINT的則不需要。

VTI和 MINT都屬於美國境內資產，因此出售時所得的利潤都需要在美國申報並繳納資本利得稅。

在香港，持有VTI或MINT的投資者都不需要向本地政府繳納稅款。

現時大多數 ETF 的結構為開放式基金，是共同基金的一種。這種結構受美國 1940 年《投資公司法》管轄，允許基金隨時發行和贖回股票。開放式基金沒有固定的份額數量，相反，股票的供應量可以根據基金的需求每天增加或減少。

在開放式 ETF 中，股票的創建和贖回是通過大型機構投資者或授權參與者 (AP) 進行的。 AP 通過購買 ETF 追蹤的證券並將其交付給基金以換取 ETF 份額來創建新的 ETF 份額。相反，他們可以通過將 ETF 份額返還給基金並獲得標的證券作為回報來贖回 ETF 份額。這一過程有助於保持 ETF 的價格接近其資產淨值 (NAV)。

2.2 單位投資信託（UIT）

這是一種投資公司，它會購買一個固定的證券組合並將其打包為一個新的單位供投資者購買。與其他類型的投資公司不同，UIT不會主動買賣其投資組合中的證券，而是在一個特定的日期（信託的終止日期）將其資產出售並將收益分配給持有人。 UIT 受 1940 年《投資公司法》管轄。

UIT 必須嘗試完全複製其特定指數，防止管理者改變投資組合的構成，並向股東支付所有股息和利息。這種結構不如開放式基金靈活，可能導致追蹤錯誤。

舉例來説，SPY 是一種單位投資信託（UIT）結構的 ETF，它是一個固定的投資組合，形成可以與發行人一起創建和贖回的單位。 由於這種結構，SPY 完全複製了 S&P 500 指數，將基礎指數的所有成分股保持在其目

標權重 12。 SPY 是第一個在美國交易所上市的指數交易所交易基金，並且仍然是世界上最受歡迎和交易量最大的 ETF 之一。

2.3 授予人信託（Grantor Trust）

一些基於商品的 ETF 會使用這種結構，例如持有實物黃金的 ETF。在授予人信託中，ETF 完全擁有資產（如黃金），然後將信託股份出售給投資者。股東對標的資產擁有直接權益，但與其他結構不同的是，如果他們擁有一定數量的 ETF份額，就有權（儘管很少行使）佔有標的資產。

以下是兩個授予人信託 ETF的例子：

1. SPDR Gold Shares（GLD）：這是一個追蹤黃金價格的 ETF，其資產主要由黃金構成。投資者在購買 GLD的份額時，實際上是在購買黃金的一部分所有權。GLD的市值為 567.54億美元。

2. iShares Silver Trust（SLV）：這是一個追蹤銀價格的 ETF，其資產主要由銀構成。投資者在購買 SLV的份額時，實際上是在購買銀的一部分所有權。SLV的市值為 107.65億美元。

這兩個 ETF都是授予人信託結構，這意味著投資者在購買這些 ETF的份額時，實際上是在購買該資產（黃金或銀）的一部分所有權。這與傳統的開放式基金 ETF不同，後者通常追蹤一個指數，並且投資者在購買份額時並不直接擁有基礎資產。

2.4 交易所交易票據（ETN）

這是一種是由金融機構發行的無擔保債務證券，承諾在到期時支付與特定指數的表現相關的回報。ETN的價格在交易日中會變動，投資者可以在二級市場上買賣。與 ETF不同，ETN的持有人在到期時才能獲得指數的回報，並且面對發行機構信用風險。

技術上，交易所交易票據 (ETN) 不是 ETF，但由於其相似的交易特徵，通常與 ETF 歸為一類。

與 ETF 不同，ETN 並不擁有其追踪的指數中的資產。相反，回報是由發行人的信用支持的。如果發行人無法履行其義務，這種結構可能會導致信用風險。

交易所交易債券 ETF的例子：

1. Barclays Bank PLC (VXX)：這是一種交易所交易債券，其在 CBOE BZX U.S. EQUITIES EXCHANGE上市。該債券的 52週最高價為 92.24 美元，最低價為 24.67美元；200日移動平均價為 42.03美元，50日移動平均價為 29.28美元。

2. JPMorgan Chase & Co. (AMJ)：這是另一種交易所交易債券，其在 NYSE ARCA上市。該債券的 52週最高價為 23.16美元，最低價為 16.72美元；200日移動平均價為 21.74美元，50日移動平均價為 22.56美元。該債券的股息收益率為 6.37%。

2.5 有限合夥 Master Limited Partnership（MLP）ETF

MLP ETF 是一種投資於 Master Limited Partnership 的獨特基金結構。這是一種特殊類型的合夥企業，其股份在公開市場上交易。MLP通常投資於能源相關的資產，如石油和天然氣管道和儲存設施。MLP 通常向投資者支付高額的股息，並且在稅務方面有優勢。然而，它們也面臨著商品價格波動、法規變化和環境問題等風險。

MLP ETF的例子：

1. Global X MLP ETF（MLPA）： 這是一種追蹤 Solactive MLP Infrastructure Index 的 ETF，該指數由在美國和加拿大經營能源基礎設施的主權貸款投資信託（MLP）組成。MLPA 的市值為 13.6 億美元，2022年股息收益率為 6.56%。

2. Global X MLP & Energy Infrastructure ETF（MLPX）： 這是一種追蹤 MLP 和能源基礎設施公司的 ETF。MLPX 的市值為 9.44 億美元，2022年股息收益率為 5.28%。

3. Alerian MLP ETF（AMLP）： 這是一種追蹤 Alerian MLP Infrastructure Index 的 ETF，該指數由能源基礎設施 MLP 組成。AMLP 的市值為 64.78 億美元，股息收益率為 7.70%。

4. J.P. Morgan Alerian MLP Index ETN（AMJ）：這個 ETN 追蹤 Alerian MLP Index，該指數由 35 個能源基礎設施 MLP 組成。截至 07/25/23，它的總費用比率為 0.85%，股息率為 0.00%1。與 ETF 不同，ETN 是一種由銀行發行的債務工具，承諾支付基礎指數的回報，扣除費用和稅務。

註：股息收益率是根據過去時段的股息支付和當前的股票價格計算的，因此這些數字會隨着股票價格的變動而變動。

2.6 ETF結構對投資者的影響

投資範疇：不同的 ETF會投資於不同的資產類別或市場產業。例如，開放式基金 ETF可能投資於廣泛的股票或債券，這意味著投資者可以透過購買一種 ETF來獲得對整個市場或特定產業的曝光。這對於想要分散投資組合或尋求特定產業表現的投資者來說可能是有吸引力的。授予人信託ETF則專注於特定的商品，如黃金或銀。這對於尋求商品曝光或對特定商品有強烈看法的投資者可能是有吸引力的。

稅務影響：在美國，不同類型的 ETF可能會有不同的稅務影響。例如，主權貸款投資信託（MLP）ETF的收益可能會被視為普通收入，而不是股息，因此可能會被稅務較高。這可能會影響投資者的總回報，並可能需要他們進行更複雜的稅務規劃。授予人信託 ETF，如黃金 ETF，可能會被視為收集性資產，因此可能會有不同的稅務處理方式。這可能會影響投資者的稅

務負擔並可能影響他們的投資決策。

風險水平：不同類型的 ETF可能會有不同的風險水平。例如，開放式基金 ETF通常被視為風險較低，因為它們通常投資於多種不同的證券，從而分散風險。這對於著重迴避風險的投資者來說可能是更有吸引力的。至於授予人信託 ETF或 ETN（交易所交易債券）可能會有較高的風險，因為它們可能專注於單一的商品或市場指數，這可能會導致價格波動較大，這對於風險承受能力較高的投資者可能是有吸引力的。

流動性：不同類型的 ETF可能會有不同的流動性。一般來說，開放式基金 ETF的流動性較高，因為它們可以在一天內無限次數地創建或贖回份額。這意味著投資者可以較容易地買入或賣出 ETF，而且價格通常會更接近其淨資產價值。其他類型的 ETF，如授予人信託 ETF或 ETN，可能會有較低的流動性，因為它們的份額數量可能是固定的。這可能會導致價格與其淨資產價值之間的折價或溢價，並可能使投資者在需要賣出時難以找到買家。

管理風格：不同類型的 ETF可能會有不同的管理風格。例如，大多數開放式基金 ETF是被動管理的，意味著它們旨在追蹤特定的市場指數。這對於尋求市場回報並希望避免管理風險的投資者來說可能是有吸引力的。一些其他類型的 ETF，如 ETMF（交易型開放式指數基金），可能是主動管理的，基金經理會選擇購買和出售的證券。這對於尋求超越市場回報並願意接受管理風險的投資者來說可能是較有吸引力的。

3 ETF 類型

ETF 有多種類型，每種類型都有獨特的收益和風險。了解這些類型可以幫助投資者為投資者的投資策略選擇合適的 ETF。以下是 ETF 的三種主要類型：

3.1 股票 ETF

股票 ETF 是投資於股票的基金。它們是最常見的 ETF 類型，可以根據公司規模（大型股、中型股和小型股）、投資風格（成長型或價值型）和產業進一步分為幾類。

股票 ETF 例子：

1. SPY (SPDR S&P 500 ETF)：SPY 是一種追蹤 S&P 500 指數的被動交易所交易基金。它由 State Street Global Advisors 開發，並於 1993 年 1 月 22 日首次上市。SPY 為投資者提供了一種簡單且成本效益高的方式，以獲得對美國廣泛股市的曝光，因為它持有一籃子代表整體市場的 500 家大型股票。該基金的費用比率非常低，僅為 0.09%，擁有和持有該基金的成本相對較低。此外，SPY 具有高度

流動性，並在主要交易所交易，使其易於按需買賣。SPY 是希望多元化投資組合並利用股市長期增長潛力的投資者的熱門選擇。

2. QQQ (Invesco QQQ Trust)： QQQ 是一種追蹤 NASDAQ-100 指數的被動交易所交易基金。它由 Invesco 開發，並於 1999 年 3 月 10 日首次上市。QQQ 旨在為投資者提供一種簡單且成本效益高的方式，以獲得對科技為主的 NASDAQ-100 指數的曝光，該指數由在納斯達克股票交易所上市的 100 家最大的非金融公司組成。該基金持有一系列知名的科技公司，如蘋果、亞馬遜和微軟，以及許多較小的、快速增長的公司。QQQ 的費用比率為 0.20%，略高於一些其他的被動 ETF，但仍然被認為是低於主動管理基金的。此外，它具有高度流動性，並在主要交易所交易，使其易於按需買賣。QQQ 是希望獲得科技產業高增長潛力的投資者的熱門選擇。

3. EFA (iShares MSCI EAFE ETF)： EFA 是一種追蹤 MSCI EAFE 指數的交易所交易基金。它由 iShares 開發，並於 2001 年 8 月 14 日首次上市。EFA 旨在為投資者提供一種簡單且成本效益高的方式，以獲得對已開發市場（歐洲、澳洲和遠東）的曝光。該基金的費用比率為 0.32%，這意味著擁有和持有該基金的成本相對較低。此外，EFA 具有高度流動性，並在主要交易所交易，使其易於按需買賣。EFA 是希望多元化投資組合並利用已開發市場的長期增

長潛力的投資者的熱門選擇。

4. DIA（SPDR Dow Jones Industrial Average ETF）： DIA 是一種追蹤道瓊斯工業平均指數的交易所交易基金。它由 State Street 開發，並於 1998 年 1 月 14 日首次上市。DIA 為投資者提供了一種簡單且成本效益高的方式，以獲得對美國 30 家大型藍籌公司的曝光。該基金的費用比率為 0.16%，這意味著擁有和持有該基金的成本相對較低。此外，DIA 具有高度流動性，並在主要交易所交易，使其易於按需買賣。DIA 是希望多元化投資組合並利用美國大型藍籌公司的長期增長潛力的投資者的熱門選擇。

3.2 產業 ETF

產業 ETF 是追蹤特定產業表現的交易型基金，投資者透過一個基金來分散投資多支該產業的股票。產業 ETF 有許多種類，例如科技、金融、醫療、能源等等，每種產業 ETF 都有其特點和風險。投資產業 ETF 的好處是可以利用小量的資金來參與整個產業的成長，並隨時在證券交易所買賣。投資產業 ETF 的缺點是可能會受到產業趨勢、市場波動、匯率變動等因素的影響，而產生折溢價或追蹤誤差。

產業 ETF 例子：

1. XLF（Financial Select Sector SPDR Fund）： XLF 是追蹤金融選擇性

產業指數的交易所交易基金。它由 State Street Global Advisors 開發，並於 1998 年 12 月 16 日首次上市。XLF 為投資者提供了一種簡單且成本效益高的方式，以獲得對金融產業的曝光。該基金的費用比率為 0.13%，這意味著擁有和持有該基金的成本相對較低。此外，XLF 具有高度流動性，並在主要交易所交易，使其易於按需買賣。XLF 是希望多元化投資組合並利用金融產業的長期增長潛力的投資者的熱門選擇。

2. XLE (Energy Select Sector SPDR Fund)： XLE 是追蹤能源選擇性產業指數的交易所交易基金，由 State Street 開發，於 1998 年 12 月 16 日首次上市。XLE 為投資者提供了一種簡單且成本效益高的方式，以獲得對能源產業的曝光。費用比率為 0.13%，這意味著擁有和持有該基金的成本相對較低。此外，XLE 具有高度流動性，並在主要交易所交易，使其易於按需買賣。XLE 是希望多元化投資組合並利用能源產業的長期增長潛力的投資者的熱門選擇。

3. XLV (Health Care Select Sector SPDR Fund)： XLV 是追蹤醫療保健選擇性產業指數的交易所交易基金。它由 State Street 開發，並於 1998 年 12 月 16 日首次上市。XLV 為投資者提供了一種簡單且成本效益高的方式，以獲得對醫療保健產業的曝光。該基金的費用比率為 0.12%，這意味著擁有和持有該基金的成本相對較低。此

外，XLV 具有高度流動性，並在主要交易所交易 。

4. XLC（Communication Services Select Sector SPDR Fund）： XLC 是追蹤通信服務選擇性產業指數的交易所交易基金。它由 State Street 開發，並於 2018 年 6 月 18 日首次上市。XLC 為投資者提供了一種簡單且成本效益高的方式，以獲得對通信服務產業的曝光。該基金的費用比率為 0.13%，這意味著擁有和持有該基金的成本相對較低。此外，XLC 具有高度流動性，並在主要交易所交易，使其易於按需買賣。XLC 是希望多元化投資組合並利用通信服務產業的長期增長潛力的投資者的熱門選擇。

5. XLY（Consumer Discretionary Select Sector SPDR Fund）： XLY 是追蹤消費者選擇性產業指數的交易所交易基金。它由 State Street 開發，並於 1998 年 12 月 16 日首次上市。XLY 為投資者提供了一種簡單且成本效益高的方式，以獲得對消費者選擇性產業的曝光。該基金的費用比率為 0.13%，這意味著擁有和持有該基金的成本相對較低。此外，XLY 具有高度流動性，並在主要交易所交易，使其易於按需買賣。XLY 是希望多元化投資組合並利用消費者選擇性產業的長期增長潛力的投資者的熱門選擇。

6. XLI（Industrial Select Sector SPDR Fund）： XLI 是追蹤工業選擇性

產業指數的交易所交易基金。它由 State Street 開發，並於 1998 年 12 月 16 日首次上市。XLI 為投資者提供了一種簡單且成本效益高的方式，以獲得對工業產業的曝光。該基金的費用比率為 0.13%，這意味著擁有和持有該基金的成本相對較低。此外，XLI 具有高度流動性，並在主要交易所交易。

7. XLB（Materials Select Sector SPDR Fund）： XLB 是追蹤材料選擇性產業指數的交易所交易基金。它由 State Street 開發，並於 1998 年 12 月 16 日首次上市。XLB 為投資者提供了一種簡單且成本效益高的方式，以獲得對材料產業的曝光。該基金的費用比率為 0.13%，擁有和持有該基金的成本相對較低。此外，XLB 具有高度流動性，並在主要交易所交易，使其易於按需買賣。XLB 是希望多元化投資組合並利用材料產業的長期增長潛力的投資者的熱門選擇。

8. XLP（Consumer Staples Select Sector SPDR Fund）： XLP 是追蹤消費者必需品選擇性產業指數的交易所交易基金。它由 State Street 開發，並於 1998 年 12 月 16 日首次上市。XLP 為投資者提供了一種簡單且成本效益高的方式，以獲得對消費者必需品產業的曝光。該基金的費用比率為 0.13%，這意味著擁有和持有該基金的成本相對較低。此外，XLP 具有高度流動性，並在主要交易所交易，使其易於按需買賣。總的來説，XLP 是希望多元化投資組合

並利用消費者必需品產業的長期增長潛力的投資者的熱門選擇。

9. XLRE (Real Estate Select Sector SPDR Fund)：XLRE 是追蹤房地產選擇性產業指數的交易所交易基金。它由 State Street 開發，並於 2015 年 10 月 7 日首次上市。XLRE 為投資者提供了一種簡單且成本效益高的方式，以獲得對房地產產業的曝光。該基金的費用比率為 0.13%，這意味著擁有和持有該基金的成本相對較低。此外，XLRE 具有高度流動性，並在主要交易所交買。

10. XLU (Utilities Select Sector SPDR Fund)：XLU 是追蹤公用事業選擇性產業指數的交易所交易基金。它由 State Street 開發，並於 1998 年 12 月 16 日首次上市。XLU 為投資者提供了一種簡單且成本效益高的方式，以獲得對公用事業產業的曝光。該基金的費用比率為 0.13%，這意味著擁有和持有該基金的成本相對較低。

3.3 債券 ETF

債券 ETF 的投資組合主要由債券組成。這些 ETF 提供了方便的方式，讓投資者能夠進行多元化的債券投資，而不需要去購買每一種個別的債券。

債券 ETF 的主要特點：

多元化：債券 ETF 通常包含許多不同的債券，這可以提供投資組合的多元化，降低特定債券的信用風險。

流動性：債券 ETF 在交易所上市交易，就像股票一樣，投資者可以在交易日的任何時間買賣。

透明度：債券 ETF 的持有人可以隨時查看基金的投資組合，了解基金的具體投資。

收益：債券 ETF 的收益來自兩個主要來源：債券的利息收入和債券價格的變動。大多數債券 ETF 將收到的利息定期分配給投資者。

風險：債券 ETF 的風險包括利率風險（利率上升時，債券價格通常會下跌）和信用風險（如債券發行人無法償付利息或本金，導致損失）。

種類：有各種不同類型的債券 ETF，包括政府債券 ETF、企業債券 ETF、市政債券 ETF、國際債券 ETF 等，投資者可以根據自己的投資目標和風險承受能力來選擇適合的債券 ETF。

債券 ETF 例子：

1. iShares Core U.S. Aggregate Bond ETF(AGG) 是被動管理的交易所交易基金（ETF），旨在追蹤 Barclays Capital U.S. Aggregate Bond Index 的投資結果。該指數是一個廣泛的基準，用於衡量美國投資級別債券市場的表現，包括政府和公司債券，被認為是債券市場的主要基準，包括各種類型和期限的債券。

AGG ETF 於 2003 年 9 月 22 日推出，由 BlackRock 管理。費用比率相對較低，為 0.05%。AGG ETF 被認為是許多投資者的核心持有，因為它提供了對美國債券市場的廣泛曝光，並可以幫助多元化投

資組合。它適合尋找一種低成本進入債券市場的方式的投資者，
並希望用它來管理他們投資組合的風險。

關鍵指標：
市值：938.9 億美元
收益率：2.84%
52 週股價：93.20 - 103.68 美元
費用率：0.14%

2. BND（Vanguard Total Bond Market ETF）是 一 種 追 蹤 Bloomberg
Barclays U.S. Aggregate Bond Index 表現的交易所交易基金（ETF）。
該指數是一個廣泛的基準，包括美國各種投資級別的債券，如政
府債券、公司債券和抵押貸款證券。

BND ETF 主要關注高質量的投資級別債券。BND ETF 的費用比率
低，適合想以低成本投資美國債券市場的投資者。BND 的資產類
別為債券，成立於 2007 年 4 月 3 日，包含的債券類型為全債券市
場，發行者為 Vanguard，結構為 ETF，總費用比率為 0.03%，主要
投資地區為北美，具體為美國，追蹤的指數為 Barclays Capital U.S.
Aggregate Bond Index，債券期限為中期。

關鍵指標：
市值：2981.8 億美元
費用比率：0.03%
收益率：2.82%
52 週股價：69.09 - 76.73 美元

3. TLT 是由 iShares（BlackRock 的一個部門）發行的交易所交易基金（ETF），跟蹤巴克萊資本美國 20 年以上國債指數的表現。該指數是一個基準，包括一系列到期期限為 20 年或以上的美國政府債券。TLT ETF 的費用比率低，為 0.15%，旨在為投資者提供一種獲取美國長期政府債市場曝光的方式。

關鍵指標：
市值：435.5 億美元
費用比率：0.15%
收益率：3.05%
52 週股價：91.85 - 118.91 美元

4. LQD（BlackRock Institutional Trust Company N.A.）是一種交易所交易基金（ETF），在 NYSE ARCA 交易所上市。它投資於美國市場上的投資級別的公司債券，全名是 iShares iBoxx $ Inv Grade Corporate Bond ETF。這個基金追蹤 Boxx $ Liquid Investment Grade Index，該指數包含了美國市場上流動性最高的投資級別的公司債券。這個基金的總資產規模為約 368.5 億美元，其持有的債券項目包括金融、能源、通訊、消費等產業。這個基金的年化收益率為 374%。

關鍵指標：
市值：約 368.5 億美元
費用比率：0.14%
收益率：約 3.74%
52 週股價：98.41 - 114.98 美元

5. Vanguard Intermediate-Term Corporate Bond ETF(VCIT) 是一種投資於美國市場上的投資級別的公司債券的交易所買賣基金。這個基金的全名是 Vanguard Intermediate-Term Corporate Bond ETF。這個基金追蹤 iBoxx $ Liquid Investment Grade Index，該指數包含了美國市場上流動性最高的投資級別的公司債券。這個基金的總資產規模為約 415.2 億美元，其持有的債券項目包括金融、能源、通訊、消費等產業。這個基金的年化收益率為 3.42%，其費用為 0.07%。

關鍵指標：
市值：$415.2 億美元
費用比率：0.07%
收益率：約 3.42%
52 週股價：73.37 - 82.79 美元

6. iShares iBoxx $ High Yield Corporate Bond ETF(HYG) 投資於美國市場上的高收益（也稱為垃圾級別）的公司債券。這個基金的全名是 iShares iBoxx $ High Yield Corporate Bond ETF。這個基金追蹤 Boxx $ Liquid High Yield Index，該指數包含了美國市場上流動性最高的高收益的公司債券。這個基金的總資產規模為約 368.5 億美元，其持有的債券項目包括通訊、能源、消費、金融等產業。這個基金的年化收益率為 5.78%，其年化波動率為 7.93%。

關鍵指標：
市值：$151.8 億美元
費用比率：0.49%

收益率：約 5.65%

52 週股價：70.40 - 79.32

3.4 商品 ETF

商品 ETF（Exchange-Traded Fund）是一種特殊類型的 ETF，它追蹤特定商品或商品指數的價格。這些 ETF 允許投資者進入商品市場，而無需直接擁有或交易實物商品。

商品 ETF 可以追蹤單一商品，例如黃金或石油，或者可以追蹤一個商品指數，該指數包含多種不同的商品。這些基金的目標是反映其追蹤的商品或商品指數的價格變動。

例如，SPDR Gold Shares（GLD）是一種商品 ETF，它追蹤黃金價格。投資者購買 GLD 的股票就相當於間接擁有黃金。同樣，United States Oil Fund (USO) 是一種追蹤西德州中級原油（WTI）價格的商品 ETF。

商品 ETF 提供了一種簡單的方式，讓投資者能夠進入商品市場，並利用商品價格的波動來獲取收益。然而，這些基金也帶有風險，包括商品價格的波動性以及在某些情況下，商品 ETF 的價格可能無法完全反映其追蹤的商品或商品指數的價格變動。

商品 ETF 例子：

1. GLD (SPDR Gold Shares)： GLD 是一種追蹤黃金價格的交易所交易基金。它由 State Street Global Advisors 開發，並於 2004 年 11 月

18 日首次上市。GLD 為投資者提供了一種簡單且成本效益高的方式，以獲得對黃金價格的曝光。該基金的費用比率為 0.40%，這意味著擁有和持有該基金的成本相對較低。

此外，GLD 具有高度流動性，並在主要交易所交易，使其易於按需買賣。總的來説，GLD 是希望多元化投資組合並利用黃金價格的長期增長潛力的投資者的熱門選擇。

2. USO（United States Oil Fund）： USO 是一種追蹤原油價格的交易所交易基金。它由 United States Commodity Funds 開發，並於 2006 年 4 月 10 日首次上市。USO 為投資者提供了一種簡單且成本效益高的方式，以獲得對原油價格的曝光。

該基金的費用比率為 0.79%，這意味著擁有和持有該基金的成本相對較高。此外，USO 具有高度流動性，並在主要交易所交易，使其易於按需買賣。總的來説，USO 是希望多元化投資組合並利用原油價格的長期增長潛力的投資者的熱門選擇。

3. DBC（Invesco DB Commodity Index Tracking Fund）： DBC 是一種追蹤 DBIQ 最優產出多元化商品指數的交易所交易基金。它由 Invesco 開發，並於 2006 年 2 月 3 日首次上市。

DBC 為投資者提供了一種簡單且成本效益高的方式，以獲得對廣泛商品市場的曝光。該基金的費用比率為 0.85%，這意味著擁有

和持有該基金的成本相對較高。此外，DBC 具有高度流動性，並在主要交易所交易，使其易於按需買賣。

4. UNG (United States Natural Gas Fund)： UNG 是一種追蹤天然氣價格的交易所交易基金。它由 United States Commodity Funds 開發，並於 2007 年 4 月 18 日首次上市。UNG 為投資者提供了一種簡單且成本效益高的方式，以獲得對天然氣價格的曝光。

該基金的費用比率為 1.28%，這意味著擁有和持有該基金的成本相對較高。此外，UNG 具有高度流動性，並在主要交易所交易，使其易於按需買賣。

總的來説，UNG 是希望多元化投資組合並利用天然氣價格的長期增長潛力的投資者的熱門選擇。

5. SLV (iShares Silver Trust)： SLV 是一種追蹤銀價格的交易所交易基金。它由 iShares 開發，並於 2006 年 4 月 28 日首次上市。SLV 為投資者提供了一種簡單且成本效益高的方式，以獲得對銀價格的曝光。

該基金的費用比率為 0.5%，這意味著擁有和持有該基金的成本相對較低。此外，SLV 具有高度流動性，並在主要交易所交易，使其易於按需買賣。總的來説，SLV 是希望多元化投資組合並利用銀價格的長期增長潛力的投資者的熱門選擇。

3.5 規模 ETF

規模 ETF 通常指的是那些追蹤大型、中型或小型公司指數的交易所交易基金。這些 ETF 的規模基於其持有的公司的市值。例如,大型規模 ETF 可能會追蹤由市值最大的公司組成的指數,如標普 500 指數。相反,小型規模 ETF 可能會追蹤由市值較小的公司組成的指數。

規模 ETF 的一個主要優點是它們提供了一種簡單、成本效益高的方式來獲得特定市值公司的曝光。例如,投資者可以通過購買一個大型規模 ETF 來獲得對大型公司的廣泛曝光,而無需購買每一家大型公司的股票。

規模 ETF 也可以用於實施規模投資策略。這種策略基於觀察到的規模效應,即小型公司的股票通常比大型公司的股票表現更好。投資者可以通過購買小型規模 ETF 來嘗試利用這種效應。

然而,規模 ETF 也有其風險。例如,小型規模 ETF 可能比大型規模 ETF 更加波動,因為小型公司通常比大型公司更容易受到經濟條件變化的影響。此外,規模 ETF 的表現也可能受到市場情緒和投資者對特定市值公司的看法的影響。它們可以分為大盤、中盤和小盤 ETF。

以下是三類例子:

大盤 ETF

1. VUG(Vanguard Growth ETF):這是一隻追踪 CRSP 美國大盤成長指數的大盤 ETF,該指數旨在衡量美國股市大盤成長股票的表現。SPY (SPDR® S&P 500® ETF Trust): SPY 的市值為 3987.86 億美元,

它追蹤 S&P 500 指數，該指數包含了美國最大的 500 家公司。因此，SPY 被視為一種大盤 ETF。

2. QQQ（Invesco QQQ Trust）： QQQ 的市值為 1946.83 億美元，它追蹤 NASDAQ-100 指數，該指數包含了美國最大的 100 家非金融公司。因此，QQQ 被視為一種大盤 ETF。

3. VV（iShares Core S&P 500 ETF）： IVV 的市值為 3286.35 億美元，它追蹤 S&P 500 指數，該指數包含了美國最大的 500 家公司。因此，IVV 被視為一種大盤 ETF。

中盤 ETF

1. MDY（SPDR S&P MIDCAP 400® ETF Trust）： MDY 的市值為 190.88 億美元，它追蹤 S&P MidCap 400 指數，該指數包含了美國中等規模的 400 家公司。因此，MDY 被視為一種中盤 ETF。

2. Vanguard Value ETF(VTV)：這是一隻追踪 MSCI 美國主要市場價值指數的大型 ETF，該指數由市場認為被低估的美國大中型股票組成。 市值為 980.34 億美元。

3. IJH（iShares Core S&P Mid-Cap ETF）： IJH 的市值為 680.85 億美元，

它追蹤 S&P MidCap 400 指數，該指數包含了美國中等規模的 400 家公司。因此，IJH 被視為一種中盤 ETF。

小盤 ETF

1. VBK（Vanguard Small-Cap Growth ETF）：這是一隻追蹤 MSCI 美國小盤成長指數的小盤 ETF，旨在衡量美國股市小盤成長股票的表現。其市值為 139.77 億美元。

2. Vanguard Small-Cap Value ETF(VBR)：這是一隻追蹤 MSCI 美國小盤價值指數的小盤 ETF，旨在衡量美國股市小盤價值股票的表現。其市值為 246.64 億美元。

3. IWM(iShares Russell 2000 ETF)：IWM（iShares Russell 2000 ETF）的市值為 543.60 億美元。這是一種追蹤 Russell 2000 指數的 ETF，該指數包含了美國市場上規模較小的 2000 家公司。

4. IWM (iShares Russell 2000 ETF)：IWM 的市值為 539.5 億美元，它追蹤 Russell 2000 指數，該指數包含了美國最小的 2000 家公司。因此，IWM 被視為一種小盤 ETF。

5. VB (Vanguard Small-Cap ETF)：VB 的市值為 437.36 億美元，它追

蹤 CRSP US Small Cap Index，該指數包含了美國最小的公開交易公司。因此，VB 被視為一種小盤 ETF。

6. IJR (iShares Core S&P Small-Cap ETF)：IJR的市值為676.67億美元，它追蹤 S&P SmallCap 600 指數，該指數包含了美國最小的 600 家公司。因此，IJR 被視為一種小盤 ETF。

7. VBK (Vanguard Small-Cap Growth ETF)：VBK 的市值為 138.47 億美元，它追蹤 CRSP US Small Cap Growth Index，該指數包含了美國最小的成長型公司，因此，VBK 被視為一種小盤成長 ETF。

4 ETF 的交易方式

4.1 交易方式

交易所交易基金（ETF）的交易方式與普通股票的交易方式非常相似：

市價單（Market Orders）：市價單是一種立即以當前市場價格買賣 ETF 的訂單。當下達市價單時，訂單將被立即執行，但你不能控制交易的價格。

限價單（Limit Orders）：限價單允許你設定一個特定的價格來買賣 ETF。你的訂單只有在市場價格達到你設定的價格時才會被執行。這種訂單可以讓你更好地控制你的交易價格。

停止單（Stop Orders）：停止單是一種當 ETF 的價格達到一個特定價格時自動觸發的訂單。這種訂單可以用來保護利潤或限制損失。

停止限價單（Stop Limit Orders）：停止限價單是一種結合了停止單和限價單的訂單。當 ETF 的價格達到一個特定價格（停止價）時，訂單將變成一個限價單。

掛單交易（Bracket Orders）：掛單交易是一種先進先出的訂單，它包含了一個主訂單（例如市價單或限價單）和兩個自動觸發的條件訂單。這兩個條件訂單分別設定了你願意接受的最高價格和最低價格。

盤後交易（After-Hours Trading）：一些交易平台允許在正常交易時間之

外進行交易，這被稱為盤後交易。然而，盤後交易的流動性通常較低，價格波動可能較大。

ETF 與個股一樣在主要交易所交易。這意味著它們可以在整個交易日內以根據供需變化的價格進行買賣。這是與共同基金的一個關鍵區別，共同基金僅在交易日結束時定價和交易。以下是 ETF 交易方式的更詳細介紹：

4.2 主要交易所

全球有許多交易所提供 ETF（交易所交易基金）的交易，以下是一些主要的 ETF 交易所：

美國
紐約證券交易所（NYSE）

紐約證券交易所（New York Stock Exchange，縮寫：NYSE）是全球最大的股票交易所，提供給企業和創業者一個籌集資本並改變世界的機會。它的上市公司形成了一個強大的社區，致力於良好的治理和社會影響。領先業界的交易技術，結合經驗豐富的交易員的指導，為 NYSE 市場參與者創造了更高的市場質量。

該交易所的網站提供了一些實時的股票報價，例如 NIO INC、AT&T INC、BANK OF AMERICA CORPORATION 和 ALIBABA GROUP HOLDING LTD 等。這些報價每 15 分鐘更新一次。

NYSE 還提供了一些有關其上市公司的資訊，包括如何上市、NYSE 的

活動資源、上市的產品、IPO 畫廊等。他們還提供了一個訂閱服務，讓使用者可以接收來自 NYSE 的最新更新。

紐約證券交易所（NYSE）的正常交易時間為美國東部時間早上 9：30 至下午 4：00。這是在周一至周五的工作日進行的，並且在美國的某些假日（如新年、馬丁路德金紀念日、華盛頓誕辰日、好星期五、紀念日、獨立日、勞動節、感恩節和聖誕節）會關閉。

此外，NYSE 也有所謂的 " 盤前交易 " 和 " 盤後交易 " 時間。盤前交易時間通常從美國東部時間早上 7：00 開始，而盤後交易時間可以延續到美國東部時間下午 8：00。然而，這些時間段的交易量通常較低，且可能存在較大的價格波動。

Nasdaq 交易所

Nasdaq 交易所，全名為全國證券交易商自動撮合系統（National Association of Securities Dealers Automated Quotations），是全球最大的電子證券交易市場，也是全球第二大證券交易所。其總部位於美國紐約市的時代廣場，並在全球設有多個辦事處。

Nasdaq 交易所的交易時間為美國東部時間的周一至周五，早上 9：30 至下午 4：00。此外，Nasdaq 還有前市交易時間（早上 4：00 至 9：30）和盤後交易時間（下午 4：00 至晚上 8：00）。

Nasdaq 交易所的特色在於其創新的電子交易模式，以及對科技股的集中交易。許多知名的科技公司，如蘋果、微軟、亞馬遜、Google 等，都選

擇在 Nasdaq 上市。此外，Nasdaq 還提供多種金融產品和服務，包括交易和清算服務、證券上市、公司服務、新市場和技術產品等。

CBOE 全球市場（前稱芝加哥期權交易所）

芝加哥期權交易所（CBOE）位於芝加哥的 433 West Van Buren Street，是美國最大的期權交易所，2014 年底的年交易量約為 12.7 億。CBOE 提供超過 2200 家公司、22 個股票指數和 140 個交易所交易基金（ETFs）的期權。

芝加哥商品交易所於 1973 年創立了芝加哥期權交易所。這是第一個上市標準化、交易所交易的股票期權的交易所，並在 1973 年 4 月 26 日，即芝加哥商品交易所 125 歲生日當天開始交易。CBOE 由證券交易委員會監管，並由 Cboe Global Markets 擁有。

CBOE（以及其他國家期權交易所）提供以下的期權：

S&P 500 指數（股票代碼 SPX）

S&P 100 指數（OEX）

道瓊斯工業平均指數（DJX）

NASDAQ-100 指數（NDX）

Russell 2000 指數（RUT）

SPDR S&P 500（SPY）

NASDAQ-100 Trust（QQQ）

Nasdaq Composite（ONEQ）

S&P Latin American 40（ILF）

S&P MidCap 400（MDY, IJH, 和 CBOE root symbol MID）

Cohen & Steers Realty Majors Index（ICF）

Wilshire 5000（VTI）

MSCI EMIF（EEM）

MSCI EAFE（Europe-Asia-Australia-far-east）（EFA）

Dow Diamonds Trust（DIA）

China 25 Xinhua/FTSE Index（FXI）

Brazil São Paulo Stock Exchange（EWZ）

Microsoft（MSFT）

General Electric（GE）

Altria（MO）

Bitcoin（XBT）

CBOE 計算並發布 CBOE 波動性指數（VIX）、CBOE S&P 500 買寫指數（BXM）和其他指數。芝加哥期權交易所的交易時間為美國中部時間的早上 8：30 至下午 3：15。

歐洲

倫敦證券交易所（LSE）

倫敦證券交易所（LSE）是位於英國倫敦的股票交易所。該交易所成立於 1801 年，現為倫敦證券交易所集團的一部分。截至 2021 年 11 月，所

有在 LSE 交易的公司的總市值為 3.9 萬億英鎊。LSE 的現址位於倫敦市的 Patee by rnoster Square，靠近聖保羅大教堂。LSE 自 2007 年以來一直是倫敦證券交易所集團的一部分。

倫敦證券交易所的市值在 2022 年 3 月為 3.57 萬億美元。該交易所的主要指數包括 FTSE 100 指數、FTSE 250 指數、FTSE 350 指數、FTSE SmallCap 指數和 FTSE All-Share 指數。

倫敦證券交易所的營業時間為格林威治標準時間的上午 8 點至下午 4 點 30 分，週一至週五。在英國夏令時間期間，營業時間提前一小時，即上午 7 點至下午 3 點 30 分。

倫敦證券交易所的歷史可以追溯到 17 世紀，當時的股票經紀人在皇家交易所被禁止進入，因為他們的行為粗魯。他們不得不在附近的其他場所經營，特別是 Jonathan's Coffee-House。在那家咖啡館，一位名叫 John Castaing 的經紀人開始列出一些商品的價格，如鹽、煤、紙和匯率。這些都是倫敦市場證券有組織交易的最早記錄。

倫敦證券交易所在 2007 年與 Borsa Italiana 合併，創建了倫敦證券交易所集團。該集團的總部位於 Paternoster Square。

德國法蘭克福證券交易所（Deutsche Börse）

德意志交易所集團（Deutsche Börse AG）是德國的跨國公司，提供市場組織服務，用於交易股票和其他證券。它也是交易服務提供商，為公司和投資者提供進入全球資本市場的途徑。該公司是股份公司，於 1992 年成立，

總部位於法蘭克福。該公司在德國、盧森堡、瑞士、捷克共和國和西班牙等地有據點，並在北京、倫敦、巴黎、芝加哥、紐約、香港和杜拜設有代表處。

FWB 法蘭克福證券交易所（Frankfurt Stock Exchange）是全球最大的證券交易中心之一。在德國所有的股票交易所中，其交易量占比約為 90%，由德意志交易所集團運營。德意志交易所還擁有位於盧森堡的結算公司 Clearstream。

儘管受到 COVID-19 大流行的影響，德意志交易所在 2020 年相比 2019 年實現了 15% 的營業額增長和 9% 的淨收入增長。此外，德意志交易所的員工數量在 2020 年增加了 463 人。

德意志交易所在過去曾多次嘗試與其他大型交易所進行合併，包括倫敦證券交易所和紐約證券交易所，但都未能成功。然而，該公司仍在不斷尋求擴大其業務規模和影響力的機會。

德意志交易所的交易時間未在此處明確提供，通常歐洲的主要交易所在當地時間早上 9 點開市，下午 5 點 30 分或 6 點收市。具體的交易時間可能會有所不同，建議直接查詢德意志交易所的官方網站或相關資訊來獲得最準確的交易時間。

泛歐交易所（Euronext，覆蓋荷蘭、法國、比利時、葡萄牙和愛爾蘭的交易所）

Euronext N.V. 是一家泛歐洲交易所，提供一系列金融工具的交易和交易後服務。交易資產包括受監管的股票、交易所交易基金（ETF）、認股權

證和證書、債券、衍生品、商品、外匯以及指數。2021 年 12 月，它擁有近 2000 家上市發行人，市值達 6.9 萬億歐元。Euronext 是全球最大的債務和基金上市中心，向第三方提供技術和託管服務。除了其主要的受監管市場，它還運營 Euronext Growth 和 Euronext Access，為中小企業提供上市通道。Euronext 的商品市場包括電力交易所 Nord Pool 和 Fish Pool。

Euronext 的註冊辦公室和公司總部分別位於阿姆斯特丹和巴黎。Euronext 的起源可以追溯到世界上第一個交易所，這些交易所在 1285 年、1485 年和 1602 年分別在低地國家的貿易中心布魯日、安特衛普和阿姆斯特丹形成，以及 1724 年巴黎交易所的成立。

在其現有形式下，Euronext 於 2000 年 9 月通過阿姆斯特丹、布魯塞爾和巴黎的交易所合併而成立。其目標是為整個歐洲的證券交易創建一個單一的、集成的和流動的市場。自成立以來，Euronext 不斷擴大，現在在多個歐洲國家，包括荷蘭、比利時、法國、葡萄牙、愛爾蘭和挪威，運營股票交易所。

亞洲

東京證券交易所（TSE）

東京證券交易所（Tokyo Stock Exchange，簡稱 TSE 或 TYO）位於日本東京，是日本最大的股票交易所，也是全球最大的股票交易所之一。它由日本交易所集團（JPX）所有，該集團也在該交易所上市。JPX 是通過與大阪交易所的合併而形成的，該合併過程始於 2012 年 7 月，當時日本公平交易

委員會批准了該合併。JPX 於 2013 年 1 月 1 日正式啟動。

　　東京證券交易所的主要指數包括由日本最大的商業報紙 Nihon Keizai Shimbun 選定的公司的 Nikkei 225 指數，基於 Prime 公司的股價的 TOPIX 指數，以及由日本主要全面報紙維護的大型工業公司的 J30 指數。該交易所還有活躍的債券市場和期貨市場。

　　東京證券交易所的正常交易時間為每週的工作日上午 9：00 至 11：30，以及下午 12：30 至 3：00。交易所會提前公布假日，並在這些日子裡關閉。

香港交易所（HKEX）

　　香港聯合交易所（SEHK，也被稱為香港交易所）是位於香港的一個股票交易所。截至 2020 年底，它有 2,538 家上市公司，總市值達到 47 萬億港元。它被報導為亞洲增長最快的股票交易所。

　　香港交易所由香港交易及結算所有限公司（HKEX）擁有，該公司也在交易所上市（SEHK：388），在 2021 年成為全球最大的交易所運營商，超越了位於芝加哥的 CME。

　　香港交易所的交易日包括：

　　開市前競價時段，從上午 9：00 到 9：30。證券的開盤價將在上午 9：20 左右報告。

　　上午的連續交易時段，從上午 9：30 到中午 12：00。

　　延長的上午時段，從中午 12：00 到下午 1：00，也被稱為午餐時間。在這段時間內，只能進行特定證券（目前為兩個 ETF，4362 和 4363）的連

續交易。其他證券不能交易。然而，從下午 1：00 開始，可以取消先前在任何證券中下的訂單。

下午的連續交易時段，從下午 1：00 到 4：00。

收盤價報告為從下午 3：59 到 4：00 每 15 秒取一次價格快照的中位數。

上海證券交易所（SSE）

上海證券交易所（SSE）是中國上海的證券交易所。它是中國大陸獨立運營的三個證券交易所之一，其他兩個分別是北京證券交易所和深圳證券交易所。

上海證券交易所是全球市值第三大的股票市場，也是亞洲最大的證券交易所。與香港證券交易所不同，上海證券交易所對外國投資者的開放程度仍然有限，並且經常受到中央政府決策的影響。

上海證券交易所的交易時間為每週一至週五的 09：15 至 15：00。上午的交易時間從 09：15 至 09：25 的集中競價開始，然後從 09：30 至 11：30 進行連續競價。下午的連續競價時間為 13：00 至 14：57。然後從 14：57 至 15：00 再次進行集中競價。該市場在週六、週日和上海證券交易所公告的其他假日休市。

上海證券交易所的市值為 7.26 萬億美元（2023 年 1 月數據）。

這些交易所提供了各種不同類型的 ETF，包括股票 ETF、債券 ETF、商品 ETF、產業 ETF 等。投資者可以根據自己的投資目標和風險承受能力，選擇合適的 ETF 進行投資。

4.3 買賣價差

買賣價差（Bid-Ask Spread）是指在金融市場上，買方願意支付的最高價格（Bid）和賣方願意接受的最低價格（Ask）之間的差價。這是交易成本的一部分，並且反映了市場的流動性。買賣價差越小，市場的流動性越好。

例如，如果一隻 ETF 的買價是 $50.00，賣價是 $50.05，那麼買賣價差就是 $0.05。這意味著如果你立即買入然後賣出這隻 ETF，你將會有 $0.05 的損失，這就是交易成本。

在交易 ETF 時，買賣價差是一個重要的因素。一般來説，交易量大、流動性好的 ETF，其買賣價差會較小。反之，交易量小、流動性差的 ETF，其買賣價差可能會較大。

4.4 市價單和限價單

當投資者準備買入或賣出 ETF 時，投資者可以下達市價單或限價單。市價訂單是指以最佳可用價格買入或賣出 ETF 的訂單。通常執行速度很快，但價格沒有保證。限價訂單是指以特定價格（或更好的價格）買入或賣出 ETF 的訂單。它提供了價格確定性，但不能保證訂單一定會被執行。

4.5 創造與贖回流程

創造與贖回流程是 ETF（交易所交易基金）的一個重要特性，它有助於保持 ETF 的市場價格與其淨資產價值（NAV）之間的一致性。

以下是這個流程的詳細解釋：

創造流程：授權參與者（Authorized Participant，通常是大型金融機構）購買 ETF 所追蹤指數的所有成分股，並按照指數的權重組合成一個稱為創建單位（Creation Unit）的股票籃子。

授權參與者然後將這個股票籃子交換給 ETF 發行商，換取相應數量的 ETF 份額。這些 ETF 份額可以在交易所上市交易。

贖回流程：在贖回流程中，授權參與者會將 ETF 份額賣回給 ETF 發行商，換取相應的創建單位（也就是成分股的股票籃子）。

授權參與者可以選擇將這些成分股保留在自己手中，或者將它們賣掉換取現金。這個創造與贖回的過程是在大型機構投資者（如投資銀行或其他金融機構）和 ETF 發行商之間進行的。這些大型機構投資者被稱為授權參與者（APs）。他們有權利，也有能力創造或贖回 ETF 的份額。當 ETF 的需求增加，市場價格可能會超過其淨資產價值（NAV）。在這種情況下，授權參與者可以利潤。這個創造與贖回的機制有助於確保 ETF 的市場價格不會與其淨資產價值（NAV）偏離太遠。如果 ETF 的市場價格高於其 NAV，授權參與者可以通過創造流程賺取無風險利潤，這將增加 ETF 的供應，從而壓低其市場價格。相反，如果 ETF 的市場價格低於其 NAV，授權參與者可以通過贖回流程賺取無風險利潤，這將減少 ETF 的供應，從而推高其市場價格。

4.6 交易成本

在考慮交易 ETF 時，理解所有相關的成本是非常重要的。以下是進一

步的解釋：

交易費用：這是你在買賣 ETF 時需要支付的費用。這些費用可能包括經紀商的佣金、交易所的費用、以及可能的市場影響成本（如果你的交易量大到足以影響市場價格的話）。許多經紀商現在提供零佣金交易，但這並不意味著交易是完全免費的。有些經紀商可能會收取其他類型的費用，如賬戶維護費或資金轉出費。

買賣價差：這是 ETF 的買價和賣價之間的差價，也是交易成本的一部分。買賣價差通常與 ETF 的流動性有關。流動性越高的 ETF，其買賣價差通常越小。這是因為流動性高的 ETF 有更多的買家和賣家，因此買賣價格通常會更接近。

管理費：這是 ETF 發行商為管理 ETF 所收取的費用，通常以年費率（expense ratio）的形式表示。這個費用會直接從 ETF 的資產中扣除，因此會影響到 ETF 的淨資產價值（NAV）。管理費的大小可以在 ETF 的基金概覽（fund prospectus）中找到。

追蹤誤差：這是 ETF 的實際回報與其追蹤的指數回報之間的差距。追蹤誤差可能由多種因素造成，包括管理費、交易成本、以及 ETF 的樣本重現策略等。一個好的 ETF 應該會有一個小的追蹤誤差。

稅費：這是你在賣出 ETF 份額並實現利潤時需要支付的資本利得稅。稅費的多少取決於你的稅率以及你持有 ETF 的時間長短。在美國，長期資本利得（持有期超過一年）的稅率通常會低於短期資本利得的稅率。

選擇 ETF 時，應考慮所有這些成本，並選擇成本效益最高的 ETF。

4.7 升貼水

升貼水和折讓是在描述交易所交易基金（ETF）的市場價格與其淨資產價值（NAV）之間的關係時常用的術語。

以下是對這兩個概念的進一步解釋：

升水／溢價（Premium）：當 ETF 的市場價格高於其淨資產價值時，我們說該 ETF 正在以升貼水交易。這意味著投資者正在支付超過 ETF 持有的資產的實際價值的價格來購買 ETF。升貼水可能是由於 ETF 的需求超過供應，或者是由於市場的短期價格波動。例如，如果一個 ETF 的淨資產價值是每股 50 美元，但市場價格是每股 52 美元，那麼該 ETF 就處於 2 美元的溢價狀態。

貼水／折讓（Discount）：相反，當 ETF 的市場價格低於其淨資產價值時，我們說該 ETF 正在以折讓交易。這意味著投資者可以以低於 ETF 持有的資產的實際價值的價格來購買 ETF。折讓可能是由於 ETF 的供應超過需求，或者是由於市場的短期價格波動。例如，如果一個 ETF 的淨資產價值是每股 50 美元，但市場價格是每股 48 美元，那麼該 ETF 就處於 2 美元的折讓狀態。

在理解升貼水時，還需要考慮到 ETF 的創建和贖回機制。當 ETF 的市場價格與其淨資產價值之間的差距達到一定程度時，授權參與者（Authorized Participants）可以利用這個機制來進行套利交易，將 ETF 的市場價格拉回到與其淨資產價值相符的水平。這個過程可以幫助維持 ETF 的市場價格與其淨資產價值之間的緊密關聯，並防止大的升貼水或折讓的出現。

4.8 盤中指示價值 Indicative Net Asset Value（iNAV）

盤中指示價值（iNAV）是一種投資的每日淨資產價值（NAV）的指標。它每 15 秒報告一次，讓投資者可以在一天中隨時了解投資的價值。盤中指示價值可以用於閉鎖式基金和交易所買賣基金（ETF）。

要計算盤中指示價值（IIV），計算代理會使用組合中所有證券的確定價格來產生總資產價值。然後，從總資產中減去基金的負債，並將餘額除以股數。

盤中指示價值 可以幫助基金在其平價附近交易，避免出現過大的溢價或折價。溢價或折價可能因為許多原因而發生，對於許多基金來説，它們是一個持續的趨勢。

4.9 股息和資本收益分配

就像個股一樣，許多 ETF 會向股東支付股息。這些股息來自 ETF 投資組合中標的證券所賺取的收入。ETF 通常定期（例如每季度或每年）向股東分配這些股息。此外，如果 ETF 出售其任何標的證券以獲取利潤，它也可以將這些資本收益分配給股東。投資者可以選擇以現金形式接收這些分配，也可以將其重新投資到 ETF 的額外份額。

4.10 稅務考慮

在稅務方面，ETF 由於其「實物」創建和贖回過程而比共同基金具有獨特的優勢。當授權參與者創建或贖回股票時，他們將 ETF 股票與標的證

券進行交換，這不被視為應稅事件。這使得 ETF 能夠避免觸發共同基金在買賣證券時經常產生的資本利得稅。然而，投資者仍需對其收到的任何股息或資本利得分配以及出售 ETF 份額時實現的任何資本利得納稅。

4.11 槓桿和反向 ETF

槓桿 ETF

槓桿 ETF 是一種交易所交易基金，其目標是提供其追蹤的指數的多倍（通常是 2 倍或 3 倍）的日常表現。這是通過使用金融衍生品（如期貨合約和選擇權）來實現的。因此，槓桿 ETF 的價格波動會比其追蹤的指數大得多。

例如：

ProShares UltraPro QQQ（TQQQ）是一種 3 倍槓桿 ETF，其目標是提供 NASDAQ-100 指數的 300% 的日常表現。如果 NASDAQ-100 指數在一天內上漲 1%，那麼 TQQQ 的目標將是上漲 3%。然而，如果 NASDAQ-100 指數在一天內下跌 1%，那麼 TQQQ 的目標將是下跌 3%。

反向 ETF

反向 ETF 是一種交易所交易基金，其目標是提供其追蹤的指數的相反表現。這也是通過使用金融衍生品來實現的。因此，當其追蹤的指數上漲

時，反向 ETF 的價格會下跌，反之亦然。

例如：

ProShares UltraPro Short QQQ（SQQQ）是一種 3 倍反向 ETF，其目標是提供 NASDAQ-100 指數的 -300% 的日常表現。如果 NASDAQ-100 指數在一天內上漲 1%，那麼 SQQQ 的目標將是下跌 3%。然而，如果 NASDAQ-100 指數在一天內下跌 1%，那麼 SQQQ 的目標將是上漲 3%。

註：槓桿和反向 ETF 都具有較高的風險，可能不適合風險承受能力較低或採取買入並持有策略的投資者。這些 ETF 的價格波動可能會非常大，並且可能會與其追蹤的指數的長期表現產生偏差。

5 ETF 的優勢

5.1 優點多多

ETF，即交易所交易基金，已成為現代投資者的首選，並為他們提供了多種優勢。這些優勢使 ETF 在多種投資策略中都成為了熱門選擇。

ETF 的優勢：

多元化：當我們談論投資，多元化總是首先浮現在腦海中的策略。多元化是一種分散風險的方式，確保投資組合不會因單一資產的表現不佳而受到過多損失。這就是 ETF 的魅力所在。

與共同基金一樣，ETF 為投資者提供了一個獲得多元化投資組合的機會，而無需購買每一種個別的證券。

舉例來說，一個追踪 S&P 500 的 ETF 可以讓投資者投資到 500 家不同的公司，只需一次購買。如果某一家公司或某一產業的表現不佳，其影響可能會被投資組合中其他產業的強勁業績所抵消。

靈活性：ETF 的另一大優勢是它們的靈活性。與股票一樣，投資者可以在整個交易日中以市場價格買賣 ETF。這與共同基金形成鮮明對比，後者僅在交易日結束時進行定價和交易。這種靈活性不僅使投資者能夠更快

地響應市場事件，還為他們提供了更多的策略選擇，如日內交易和賣空。

費用低：當然，成本總是投資者的主要考慮因素之一。在這方面，ETF
也有其獨特的優勢。由於大多數 ETF 都是被動管理的，它們的目標是追踪
特定指數，而不是試圖跑贏它。這通常意味著它們的費用比率較低，尤其
是與主動管理的基金相比。此外，由於 ETF 使用的特殊創建和贖回流程，
它們通常能夠更有效地管理資本利得，這可能會為投資者帶來稅務上的優
勢。

透明度：透明度是 ETF 的另一個關鍵特點。與共同基金不同，ETF 每
天都會披露其持有的資產，這為投資者提供了一個清晰的畫面，讓他們知
道他們的錢正在投資於何處。這種透明度不僅增加了信任，還使投資者能
夠做出更明智的決策。

流動性：ETF 的流動性也是其主要賣點之一。由於它們在交易所上市，
投資者可以輕鬆地買賣，就像交易普通股票一樣。這種流動性意味著投資
者可以快速進入或退出市場，這在快速變化的市場環境中尤為重要。此外，
許多 ETF 還提供了槓桿和反向策略，這些策略允許投資者在市場上升或下
跌時放大其回報。

多樣性：ETF 的多樣性也是其受歡迎的原因之一。市場上有數百種
ETF，涵蓋了從傳統的大盤股票到特定國家、產業或資產類別的各種投資選
項。這意味著投資者可以根據自己的風險承受能力、投資目標和市場觀點
來定制其投資組合。

簡單性：ETF 的簡單性和便利性也是其受到青睞的原因。投資者不需

要大量的資金或複雜的策略就可以開始投資。此外，許多投資平台和應用程序現在都提供了零佣金的 ETF 交易，這使得投資更加經濟實惠。ETF 為投資者提供了一個獨特的工具，結合了多元化、靈活性、成本效益和透明度的優勢。這些特點使它們成為現代投資組合的理想選擇，無論是對於新手投資者還是經驗豐富的專家。

創建和贖回機制：與傳統的共同基金不同，ETF 使用所謂的「實物」創建和贖回機制。當大型投資者（如機構投資者）想要購買或出售大量 ETF 份額時，他們通常會直接與 ETF 提供商交易，而不是在公開市場上交易。在這種情況下，投資者會提供一籃子股票（代表 ETF 的持有量）以換取 ETF 份額，或反之。由於這是一種證券交換，而不是現金交易，因此通常不會觸發資本利得稅。

由於上述的創建和贖回機制，ETF 很少需要出售其持有的證券以滿足贖回要求。這意味著 ETF 很少實現資本利得，因此很少分配資本利得給其股東。相比之下，當共同基金的股東要求贖回時，基金可能需要出售證券，從而可能產生資本利得分配。

稅務效益：ETF 的稅務效益也不容忽視。由於其獨特的創建和贖回機制，ETF 通常能夠更有效地管理資本利得，這有助於減少投資者的稅務負擔。這與傳統的共同基金形成鮮明對比，後者可能會產生更高的資本利得分配。ETF（交易所交易基金）在稅務方面的效益是其受到投資者青睞的主要原因之一。這些稅務優勢主要源於 ETF 的獨特結構和交易方式。

ETF 每天都會披露其持有的資產，這使得投資者可以更容易地進行稅

務規劃，因為他們知道他們的投資組合中有哪些資產。

　　由於其獨特的交易和結構特點，ETF 提供了顯著的稅務效益，使其成為稅務敏感的投資者的理想選擇。然而，每位投資者的稅務情況都是獨特的，因此在做出投資決策之前，建議咨詢稅務專家或財務顧問。

　　股息：許多 ETF 向股東支付股息。這些股息來自 ETF 投資組合中標的證券所賺取的收入。ETF 通常定期（例如每季度或每年）向股東分配這些股息。投資者可以選擇以現金形式接收這些分配，也可以將其重新投資到 ETF 的額外份額。

5.2 碎股（Fractional ETF Shares）

　　ETF 可以通過任何經紀賬戶進行買賣，使個人投資者可以購買和出售。與許多要求最低初始投資的共同基金不同，大多數 ETF 沒有最低投資額。這使得 ETF 對於大型和小型投資者來說都是可行的選擇。投資者還可以選擇購買 ETF 碎股（Fractional ETF Shares），即 ETF 的一部分股份，而不是整數的股份。這種投資方式讓投資者可以購買價值低於一股的 ETF 份額，使得投資者無需支付一整股的價格就能投資於他們感興趣的 ETF。

　　例如，如果一隻 ETF 的價格是 100 美元，但你只想投資 50 美元，那麼你可以購買 0.5 股的 ETF。這種方式對於預算有限或是想要更精確控制他們投資組合的投資者來說，是一種非常有用的工具。碎股投資的一個主要優點是它使得定期投資和投資組合再平衡變得更容易。例如，如果你每個月有固定的投資金額，你可以將這些金額完全投入到你的投資組合中，而不

需要擔心你的投資金額不能被整數股份所整除。

　　然而，並非所有的券商都提供碎股交易的服務，因此如果你有興趣進行碎股投資，你需要確認你的券商是否提供這種服務。

購買 ETF 碎股步驟

　　購買 ETF 碎股的過程可能會因交易平台而異。

　　以下是一般的步驟指南：

　　步驟 1：選擇一個提供碎股交易的交易平台：並非所有的交易平台都提供碎股交易，所以投資者需要確保投資者選擇的平台支持這種交易。一些知名的提供碎股交易的平台包括 Robinhood、Fidelity 和 Charles Schwab。

　　步驟 2：開設交易賬戶：如果投資者還沒有在選定的平台上開設賬戶，投資者需要提供一些基本的個人信息（如姓名、地址和社會保險號）來開設一個新的賬戶。

　　步驟 3：存入資金：一旦投資者的賬戶被批准，投資者就可以將資金從投資者的銀行賬戶轉入投資者的交易賬戶。

　　步驟 4：選擇 ETF：在投資者的交易平台上搜索投資者想要購買的 ETF，並查看其當前的價格。

　　步驟 5：輸入交易指令：在交易平台上輸入投資者想要購買的 ETF 碎股的數量。請注意，因為投資者正在購買碎股，所以投資者可以輸入小數點後的數字。例如，如果一個 ETF 的價格為 100 美元，但投資者只想花 50 美元，那麼投資者可以輸入 0.5 作為購買的 ETF 數量。

步驟 6：確認並提交交易：在投資者輸入交易指令後，投資者的交易平台應該會顯示一個確認頁面，讓投資者檢查交易的詳細信息。如果一切都正確，投資者可以提交交易。

6 ETF 的缺點

雖然 ETF 有很多好處，但投資者也應該注意它們的某些缺點。

6.1 交易成本

ETF 的成本主要包括以下幾個部分：

費用比率：這是基金管理公司為管理基金而收取的年度費用。對於 ARKK ETF，這個費用比率為 0.75%。這意味著如果你投資了 $10,000，那麼每年你將支付 $75 的費用。

交易費用：當你買賣 ETF 時，你可能需要支付經紀商的交易費用。這些費用會根據你的經紀商和你的交易量而變化。

擴大／縮小的成本：這是指 ETF 的市場價格與其淨資產價值（NAV）之間的差距。如果 ETF 的市場價格高於其 NAV，那麼 ETF 將處於溢價狀態，反之則為折價。這種差距可能會影響你的交易成本，特別是在市場波動性較大時。

6.2 升貼水 Premium 或 Discount

升貼水在英文中通常被稱為 Premium 或 Discount。

Premium：當 ETF 的市場價格高於其淨資產價值（NAV）時，我們説該 ETF 正在以升水或溢價交易。

Discount：相反，當 ETF 的市場價格低於其淨資產價值時，我們説該 ETF 正在以貼水或折價交易。

升貼水通常用於描述交易所交易基金（ETF）或封閉式基金的市場價格高於其淨資產價值（NAV）的情況。換句話説，當投資者願意支付超過基金每股實際價值的價格來購買基金時，我們就説該基金正在升水，反之則為貼水。

出現原因

需求超過供應：如果許多投資者都想購買某個 ETF，但供應有限，那麼他們可能會願意支付超過其 NAV 的價格來購買，這導致 ETF 升水。

成分股上漲：有時候 ETF 的成分股或底層資產漲幅大於 ETF 本身，也會導致 ETF 的淨值上漲，而市場價格還沒有反映出來。又或 ETF 的成分股或底層資產存在分紅、送股、配股等權益變動，導致 ETF 的淨值發生調整，而市場價格還沒有反應。

市場不確定性：在市場波動性增加或出現不確定性的時候，投資者可能會將資金轉移到他們認為更安全或有潛力的 ETF，這可能導致這些 ETF 的價格升高，從而導致升貼水。

基金的流動性：如果一個 ETF 的交易量很低，那麼它可能更容易出現升貼水或折讓。這是因為在低流動性的情況下，即使只有少量的買賣，也

可能導致價格的大幅變動。

升水可能會影響投資者的投資回報，因為如果一個 ETF 正在升水，那麼投資者可能會支付超過其實際價值的價格來購買它。然而，如果在他們賣出 ETF 時，它的價格回落到或低於其 NAV，便可能會虧損。因此，理解和監控 ETF 的升貼水或折讓是很重要的。

6.3 有限的追蹤精度

追蹤誤差是指一個基金或投資組合的實際回報與其標的指數或基準的回報之間的差異。這是評估基金管理者效能的一種重要方式，特別是對於那些目標是追蹤特定指數的被動管理基金，如交易所交易基金（ETF）。

追蹤誤差因素

管理費和其他費用：這些費用會直接從基金的回報中扣除，因此會導致基金的實際回報低於其標的指數。

抽樣策略：許多基金並不直接持有其標的指數中的所有證券，而是選擇一部分證券來代表整個指數。這稱為抽樣策略，可能會導致基金的回報與其標的指數的回報不完全一致。

現金流動：基金管理者必須管理投資者的買入和賣出，這可能會導致基金必須在不理想的時間點買賣證券，從而影響其回報。

證券借貸：一些基金會將其持有的證券借給其他市場參與者，以換取額外的收入。然而，這種策略可能會增加風險，並可能導致基金的回報與

其標的指數的回報不一致。

追蹤誤差風險是投資者在選擇 ETF 或其他被動管理基金時需要考慮的一個重要因素。一個高追蹤誤差的基金可能意味著其管理者在複製其標的指數的表現方面做得不夠好，或者其費用過高。因此，投資者通常會尋找追蹤誤差小的基金。雖然大多數 ETF 的追蹤誤差通常都很小，但對於追蹤流動性較低或波動性較大的指數的 ETF，追蹤誤差可能會較大。

6.4 流動性風險

流動性風險是指投資者可能無法在需要時迅速出售其投資，或者在出售投資時可能會導致價格大幅下跌的風險。這種風險在交易量較低的市場、特定的證券或在經濟環境緊張或不確定的時候尤其明顯。

流動性風險因素

交易量：如果一種證券的交易量很低，那麼它可能很難找到買家，這可能導致投資者需要以低於市場價格的價格出售，或者可能需要等待一段時間才能出售。

市場深度：市場深度是指市場能夠在不影響價格的情況下吸收大量買賣的能力。如果市場深度不足，那麼大量的買賣可能會導致價格劇變。

市場壓力：在經濟環境緊張或不確定的時候，投資者可能會大量出售證券，這可能導致價格下跌並增加流動性風險。

對於交易所交易基金（ETF）來說，流動性風險可能會導致其市場價格

與其淨資產價值（NAV）之間的差距增大，即升貼水。在正常情況下，這種差距應該很小，但在流動性緊張的情況下，這種差距可能會增大。

投資者可通過多種方式來管理流動性風險，包括分散投資、選擇交易量大的證券，以及避免在市場壓力下急於出售。此外，理解和監控 ETF 的升貼水或折讓也可以幫助投資者管理流動性風險。雖然許多 ETF 的流動性很高，但一些追踪不太受歡迎的指數或產業的 ETF 可能並非如此。較低的流動性可能導致較大的買賣價差，從而使 ETF 的交易成本更高。它還可能使以個人想要的價格買賣 ETF 變得更加困難，尤其是在波動的市場條件下。

6.5 複雜性

交易所交易基金（ETF）是一種相對簡單的投資工具，它們通常追踪特定的指數，如 S&P 500 或 Nasdaq 100。然而，有些 ETF 的結構和策略可能相對複雜，這可能帶來一些風險。

增加 ETF 複雜性因素

使用衍生品：有些 ETF 使用期貨、選擇權和其他衍生品來達到其投資目標。這些工具的使用可能會增加風險，並使得基金的價值更加依賴於這些衍生品的價格變動。

槓桿和反向 ETF：槓桿 ETF 旨在提供其追踪的指數的多倍（如兩倍或三倍）的日回報，而反向 ETF 旨在提供其追踪的指數的相反回報。這些 ETF 的價值可能會非常波動，並且可能不適合長期持有。

主動管理：雖然大多數 ETF 是被動管理的，並且簡單地追蹤一個指數，但有些 ETF 是主動管理的，這意味著基金經理會選擇買賣哪些證券。這可能會增加基金的費用，並使其回報更依賴於基金經理的決策。

專門性投資策略：有些 ETF 追蹤特定的投資策略，如因子投資、ESG 投資或主題投資。這些策略可能需要投資者有更深入的理解，並可能帶來額外的風險。

投資者在選擇 ETF 時，應該確保他們理解 ETF 的結構和策略，並確認它們適合自己的投資目標和風險承受能力。如果一種 ETF 或其策略太複雜，或者投資者不完全理解它，那麼最好避免投資。

6.6 稅務考慮

雖然「實物」創建和贖回流程可以使 ETF 比共同基金更具稅務效率，但投資者仍需對其收到的任何股息或資本利得分配以及出售 ETF 時實現的任何資本利得納稅分享。了解這些稅務影響並在個人的投資計劃中考慮它們非常重要。

稅務風險是指由於稅法變動或稅務規劃不當，可能導致投資者的稅務負擔增加的風險。以下是一些與 ETF 投資相關的稅務風險：

資本利得稅：當個人賣出 ETF 並實現利潤時，個人可能需要支付資本利得稅。在美國，長期資本利得稅率通常低於短期資本利得稅率，所以如果個人在一年內買入並賣出 ETF，個人可能需要支付較高的稅率。

股息稅：許多 ETF 會分發股息，這些股息可能會被視為收入並需要支

付稅款。在某些情況下，這些股息可能會被視為合格股息，並享有較低的稅率。

外國稅務問題：如果個人投資於追蹤外國市場的 ETF，個人可能需要處理外國稅務問題。例如，某些國家可能會對 ETF 的股息進行源泉扣稅。

稅法變動：政府可能會改變稅法，這可能會影響個人的稅務負擔。例如，政府可能會提高資本利得稅率或改變何種收入可以被視為合格股息。

在投資 ETF 時，投資者應該考慮這些稅務風險，並可能需要尋求專業的稅務建議。此外，投資者應該定期檢查他們的稅務狀況，以確保他們的稅務規劃仍然有效。

6.7 特定產業風險

特定產業風險在 ETF 投資中也是一個重要的考慮因素。當你投資於特定產業的 ETF，例如科技、能源、金融或醫療保健等，你的投資將會受到該產業特定趨勢和變化的影響。

風險因素

經濟變化：某些產業可能會受到經濟周期的影響。例如，金融和房地產產業可能在經濟衰退期間受到較大的影響，而消費者離散品產業可能在經濟繁榮時期表現較好。

政策變化：政府政策和法規的變化可能會對特定產業產生重大影響。例如，醫療保健產業可能會受到醫療保險政策變化的影響，而能源產業可

能會受到環保法規變化的影響。

技術變革：新技術的出現可能會對某些產業產生破壞性影響。例如，科技產業可能會受到新技術或創新的影響，而傳統零售產業可能會受到電子商務的影響。

競爭環境：產業內的競爭環境可能會影響公司的獲利能力。例如，電信產業可能會受到競爭激烈和價格戰的影響。

投資於特定產業的 ETF 可以提供對該產業的曝光，但也帶來了特定產業風險。因此，投資者在投資於特定產業的 ETF 時，需要對該產業有深入的理解，並考慮其對整體投資組合的影響。

6.8 貨幣風險

投資於美國以外市場的國際 ETF 存在貨幣風險。這是匯率變化影響 ETF 投資價值的風險。例如，如果美元相對 ETF 投資貨幣走強，則 ETF 的價值可能會下降。貨幣風險，也被稱為匯率風險，是指由於匯率變動而導致的投資價值變動。這種風險在投資於國際 ETF 時尤其重要，因為這些 ETF 可能包含非本地貨幣計價的資產。

例如，一位美國投資者投資於追蹤歐洲股市的 ETF，其投資將會受到兩種風險的影響：一是歐洲股市的表現，二是歐元對美元的匯率變動。如果歐洲股市表現良好，但歐元對美元貶值，那麼這可能會抵消投資回報，甚至可能導致虧損。

有些國際 ETF 使用衍生品（如期貨和選擇權）來對沖貨幣風險，這種

ETF 被稱為貨幣對沖 ETF。然而，這種策略可能會增加 ETF 的費用，並且如果匯率變動對投資者有利，則可能會限制投資回報。

貨幣風險例子：

1. Vanguard FTSE Developed Markets ETF(VEA)

VEA 追蹤的是已開發市場的指數，這意味著它的資產主要分佈在美國以外的已開發國家，如歐洲、日本和澳大利亞。因此，如果美國投資者投資 VEA，那麼他的投資將會受到這些國家貨幣對美元匯率變動的影響。例如，如果歐元對美元貶值，那麼即使 VEA 追蹤的歐洲股票價格上升，其投資價值（以美元計）也可能下降。

VEA 是一種以美元為計價幣別的交易型開放式指數基金，它追蹤富時全球已開發股市指數（不含美國），主要投資於非美國地區的大中小型公司股票。VEA 的持股數量約為 4123 檔，其中最大的投資國家是日本、英國、加拿大、法國、瑞士等[2]。VEA 的最新價格為 47.2 美元，年化配息率為 2.54%。

匯率會影響到 VEA 的價格和報酬，因為 VEA 的成分股是以各自國家的貨幣計價，而 VEA 本身是以美元計價。當美元相對於其他貨幣升值時，VEA 的價格和報酬會下降，反之則會上升。例如，如果美元兌日圓升值 10%，而日本股市沒有變化，那麼 VEA 中日本成分股的價值就會以美元計算下降 10%。又假設美元兌英鎊上升 5%，而英國股市沒有變化，那麼 VEA 中英國成分股的價值就會以

美元計算下跌 5%。

因此，如果投資者想投資 VEA，投資者需要考慮到匯率風險，也就是美元與其他貨幣之間的波動。匯率風險有時可以增加投資者的報酬，有時也可以減少投資者的報酬。如果投資者想避免匯率風險，投資者可以選擇一些有貨幣避險機制的 ETF，這些 ETF 會使用一些衍生性金融商品來抵消匯率變動對於報酬的影響。但是，這些 ETF 通常也會有較高的費用和較低的流動性。

2. Vanguard FTSE Emerging Markets ETF(VWO)

VWO 追蹤的是新興市場的指數，這意味著它的資產主要分佈在新興市場國家，如中國、印度和巴西。如果你投資於 VWO，你的投資將會受到這些國家貨幣對美元匯率變動的影響。例如，如果人民幣對美元貶值，那麼即使 VWO 追蹤的中國股票價格上升，其投資價值（以美元計）也可能下降。

投資者在投資於國際 ETF 時，應該考慮到貨幣風險，並考慮其對整體投資組合的影響。如果可能，投資者可以尋求專業的財務建議，以幫助管理這種風險。

6.9 缺乏控制

投資 ETF 時，投資的是預設的一籃子證券。雖然這可以實現多元化，但也意味著個人無法控制 ETF 中的個別證券。缺乏控制的風險是指投資者在投

資 ETF 時，不能直接控制 ETF 的投資決策。這是因為 ETF 是由專業的基金經理管理的，他們決定 ETF 持有哪些資產，以及何時買入或賣出這些資產。

可能情況

投資選擇：投資者不能選擇 ETF 持有哪些特定的股票或其他資產。例如，如果一個投資者不同意基金經理的某個投資決策，例如購買一個他們認為風險過高的股票，他們無法阻止這個決策。

投資策略：投資者不能控制 ETF 的投資策略。例如，如果一個投資者希望他們的 ETF 更專注於價值投資而不是增長投資，但他們無法改變這個策略。

投資時機：投資者不能控制 ETF 何時買入或賣出其持有的資產。這可能會影響投資者的稅務狀況，因為他們不能選擇何時實現資本收益或虧損。

6.10 股息支付時機

雖然許多ETF向股東支付股息，但這些支付的時間可能比個股更難預測。ETF 通常按季度或每年支付股息，但具體時間可能有所不同。對於依賴定期股息支付的投資者來說，這可能會使收入規劃變得更加困難。由於 ETF 的股息支付時間和頻率可能會變動，這可能會影響投資者的收益和現金流。

可能情況

支付頻率：大多數 ETF 每季度支付一次股息，但有些可能每月、每半

年或每年支付一次。如果投資者依賴於這些股息作為收入，那麼支付頻率的變動可能會影響他們的現金流。

支付時間：ETF 通常在每個季度的特定日期支付股息，但這些日期可能會因 ETF 而異。如果支付日期被推遲或更改，投資者可能需要調整他們的財務計劃。

股息金額：ETF 的股息金額取決於其持有的資產的表現。如果這些資產的收益下降，ETF 的股息金額可能會減少。這可能會影響依賴股息收入的投資者。

投資者在投資於股息支付的 ETF 時，應該考慮這些風險，並可能需要尋求專業的財務建議。此外，投資者應該定期檢查他們的 ETF 的股息支付政策，以確保它仍然符合他們的投資目標和現金流需求。

7 解構 ETF

7.1 ETF 結構

ETF 可以採用不同的方式構建，了解這些結構非常重要，因為它們會影響 ETF 的業績和稅務影響。例如，一些 ETF 的結構為開放式基金，而另一些 ETF 的結構為單位投資信託或授予人信託。每個結構都有自己的一套規則和特徵。

這些結構提供了更多的選擇，使得投資者可以根據他們的投資目標和風險承受能力選擇最適合他們的 ETF。然而，這些結構也可能更複雜，並可能帶來額外的風險和成本，因此在投資這些 ETF 之前，投資者應詳細閱讀其概述文件。

不同結構的 ETF

1. 開放式基金：這是最常見的 ETF 結構。開放式基金 ETF 可以在一天內無限次數地創建或贖回份額，這使得它們能夠更好地追蹤其基礎指數。

開放式基金 ETF 也可以使用衍生品（如期貨和選擇權），這使得它們能夠追蹤一個更廣泛的指數範圍。

2. 單位投資信託（UIT）：UIT 是一種特殊類型的投資公司，它購買一個固定的證券組合並將其持有到一個特定的結束日期。UIT ETF（如 SPDR S&P 500 ETF，代碼 SPY）通常不能使用衍生品，並且它們必須完全複製其基礎指數。

3. 授予人信託：授予人信託 ETF（如 SPDR Gold Shares，代碼 GLD）通常用於追蹤單一資產，如黃金或銀。投資者在購買授予人信託 ETF 的份額時，實際上是在購買該資產的一部分所有權。SPDR Gold Shares（GLD）是一個授予人信託 ETF，它追蹤黃金價格。投資者在購買 GLD 的份額時，實際上是在購買一部分黃金的所有權。

4. 交易型開放式指數基金（ETMFs）：ETMF 是交易型基金的簡稱，它是交易型基金（ETF）和開放式基金的混合體。ETF 是交易型基金的簡稱，它是一種在股票交易所上市交易的投資基金。ETMF 和 ETF 都能提供多元化、流動性和稅務效益的優勢，但它們也有一些差異。

ETMF 是主動管理的，而大多數 ETF 是被動管理的。這意味著 ETMF 有投資經理根據他們的研究和分析做出投資決策，而大多數 ETF 只是跟蹤一個指數或一籃子證券。

ETMF 不會每天公開其投資組合持有情況，而 ETF 會。這意味著

ETMF 可以保護其機密的交易策略不被其他投資者和競爭者知道，而 ETF 則必須每天透露其持有情況。

ETMF 以與其下一個收盤淨值（NAV）相關聯的價格交易，而 ETF 以由市場供需決定的價格交易。這意味著 ETMF 有一個代理價格，它會根據對 NAV 的溢價或折價在全天更新，從而避免了溢價或折價的問題。

ETMF 比 ETF 收費更高，因為它們的主動管理和 NAV 為基礎的交易。這意味著 ETMF 比 ETF 收取更高的費用比率和交易成本，這可能會降低它們的回報。

Eaton Vance 是第一家獲得美國證券交易委員（SEC）批准發行 ETMF 的公司，其 ETMF 品牌為 NextShares。Eaton Vance 旗下有多個 NextShares 產品，涵盖股票、證券、多資產等不同的投資策略。

5. 不透明 ETFs（也稱為半透明 ETFs 或非透明 ETF）：這些 ETF 不需要每天公布其完整的投資組合，使它們可以更好地保護其投資策略。不透明 ETF 可能具有開放式基金或其他特殊結構。不透明 ETF 和 ETMF 都是一種交易所買賣基金（ETF），它們與傳統的 ETF 不同的是，它們不需要每天公開其投資組合的持有情況，而只需要定期披露其淨值。這樣可以保護基金經理的投資策略不被其他投資者或競爭者複製或套利，同時也可以享受 ETF 的其他優勢，如低成本、高流動性、稅務效益等。

Nuveen Growth Opportunities（NUGO）是一隻主動型非透明 ETF，於 2021 年 9 月 27 日創立，管理資產 （AUM）約 26 億美元，費用率為 0.55%，23 年 1 月至 7 月回報為 29.59%。

不透明 ETF 並不是 ETMF，它們的主要區別是：

不透明 ETF 以市場價格交易，而 ETMF 以與其下一日淨值（NAV）相關聯的價格交易。這意味著不透明 ETF 的市場價格可能會出現溢價或折價的情況，而 ETMF 的市場價格則會更接近其淨值。

不透明 ETF 使用一種稱為「驗證者」的第三方機構來確保其投資組合與其淨值保持一致，而 ETMF 使用一種稱為「代理計算」的方法來更新其市場價格。這表示不透明 ETF 需要向驗證者提供其投資組合的部分信息，而 ETMF 則不需要向任何人披露其投資組合的信息。

不透明 ETF 和 ETMF 都是主動管理的 ETF，也就是説，基金經理會根據自己的研究和分析，選擇和調整投資組合中的證券，以期望超越市場表現或某個指數。但不透明 ETF 通常會跟蹤一個自定義的指數作為其基準，而 ETMF 則沒有指數基準。

6. 主動 ETF：ARK Innovation ETF（ARKK）是一個由 ARK Investment Management LLC 管理的主動 ETF。該 ETF 的投資策略是投資於被認為是創新公司的股票，這些公司的產品或服務可能在未來改變生活方式和經濟景象。

7. 智能貝塔 ETF：Invesco S&P 500 Low Volatility ETF（SPLV）是一個智能貝塔 ETF，它追蹤的指數是基於波動性的，具體來說，它選擇 S&P 500 指數中波動性最低的 100 只股票。

8. 收益導向 ETF：Global X NASDAQ 100 Covered Call ETF（QYLD）是一種特殊的 ETF，它使用覆蓋調用策略來產生收益。該 ETF 持有 NASDAQ 100 指數的股票，並賣出對應的調用選擇權。這種策略可以在市場平穩或下跌時產生收益，但在市場上漲時可能會限制收益。

7.2 分析標的指數

一些 ETF 追蹤一個特定的指數，了解這個指數是什麼以及它是如何組成的至關重要。這包括了解指數中的證券類型、其涵蓋的產業或地區以及其加權方式（例如，按市值、等權重或基本面權重）。

關注事項

指數的組成：這包括指數中包含的股票數量，這些股票的市值大小（大盤、中盤還是小盤），以及這些股票所在的行業或產業。

指數的表現：這包括指數的歷史回報，波動性，最大回撤等。

指數的計算方法：這包括指數是否按市值加權，等權重，或者使用其他的加權方法。

指數的再平衡頻率：這是指指數多久調整一次其組成股票的頻率。

指數的追蹤誤差：這是指 ETF 的表現與其標的指數的表現之間的差異。

例如，前面提到的 Vanguard Total Stock Market ETF（VTI）追蹤的是 CRSP US Total Market Index。這個指數包括了美國股市中幾乎所有公開交易的公司，涵蓋了大盤、中盤和小盤股市的各個部分。

VTI 在 2023 年 1 月至 7 月的歷史表現

VTI 在 2023 年 1 月 1 日的開盤價為 $243.65，它達到的最高價格是在 2023 年 6 月 30 日的 $254.12。最低價格是在 2023 年 2 月 28 日的 $238.56。截至 2023 年 7 月 11 日，收盤價為 $252.98。

VTI 的 股息收益率：1.52%。這是投資者因持有該 ETF 而獲得的年度收益，以股息形式支付。

Beta 值：1.01。Beta 值是一種衡量投資風險的指標，特別是相對於市場整體的風險。一個 Beta 值為 1.0 意味著該 ETF 的價格可能與市場同步上下波動。在這種情況下，VTI 的 Beta 值接近 1，意味著它的價格波動與市場整體的波動相似。

市值約 3.06 萬億美元，由其所有股票的市場價格乘以流通在外的股票數量得出。流通股票數量約 14.05 億股。這是 VTI 的流通股數，也就是投資者可以買賣的股票數量。

200 日移動平均線和 50 日移動平均線：200 日移動平均線為 $202.63，50 日移動平均線為 $213.25。這些數據可以幫助投資者了解該 ETF 的長期和

短期價格趨勢。

這支 ETF 在過去六個月內顯示出正向趨勢，價格從年初開始上升。這段期間的最高價點對於在年初購買並在此峰值出售的投資者來說，可能意味著良好的回報。

7.3 查看 ETF 的歷史表現

雖然過去的表現並不能保證未來的結果，但查看 ETF 的表現歷史可以讓投資者了解它過去對不同市場條件的反應。這可以幫助投資者評估 ETF 的潛在風險和回報。

以下是 Vanguard Total Stock Market ETF(VTI) 的一些詳細資訊：

總資產：約 1.4 兆美元
回報（截至 23 年 8 月 11 日）
年初至今 16.92%
1 個月　　0.49%
3 個月　　8.77%
1 年　　　6.78%
3 年　　　11.17%
5 年　　　10.53%
10 年　　11.70%
平均每日交易量：約 4000 萬股
在這五年期間，VTI 的價格總體上呈現上升趨勢。
資產配置：VTI 持股大多是以大型股為主，前 10 大持股佔比 27.80%，佔大多數為科技巨企。

以上資訊可以幫助投資者了解 VTI 的總體表現、風險、資產分配以及

產業分配等重要資訊。

註：Sharpe 比率是由 William F. Sharpe 提出的，用於衡量投資的風險調整後回報。它是投資的超額回報（即超過無風險利率的回報）與投資的標準差（即風險）之比。Sharpe 比率越高，表示在承受相同風險的情況下，投資的超額回報越高。在這種情況下，VTI 的 Sharpe 比率為 0.8892，這意味著每承受一單位風險，投資者可以獲得 0.8892 單位的超額回報。這是一個相對較高的數值，表示 VTI 在過去的表現中，風險調整後的回報相對較高。

7.4 ETF 的成本

ETF 的交易是有成本的，包括費用比率、買賣價差以及資產淨值 (NAV) 的溢價或折扣。這些成本會影響回報，在選擇 ETF 時考慮這些成本非常重要。

主要成本

管理費：這是基金公司為管理 ETF 所收取的費用，通常以基金資產總額的一部分來計算。例如，如果一個 ETF 的管理費為 0.1%，那麼每年你將支付 10 美元的費用，前提是你的投資金額為 10,000 美元。

交易費：買賣 ETF 時，可能需要支付交易費。這些費用可能包括經紀商的交易費用和／或交易所的費用。

傳播成本：這是買賣 ETF 時的隱藏成本，也被稱為「買賣價差」。這是賣方要求的價格（賣出價）與買方願意支付的價格（買入價）之間的差異。

追蹤誤差：這是 ETF 的實際表現與其追蹤的指數之間的差異。這可能是由於各種原因，包括管理費和交易成本。

資本利得稅：如果你在賣出 ETF 時實現了利潤，你可能需要支付資本利得稅。這將取決於你的稅務狀況和你持有 ETF 的時間長短。

再以 Vanguard Total Stock Market ETF（VTI）為例：

Vanguard Total Stock Market ETF（VTI）是追蹤 CRSP US Total Market Index 的 ETF。這個指數包括了美國股市中幾乎所有公開交易的公司，涵蓋了大盤、中盤和小盤股市的各個部分。

該指數旨在為投資者提供美國股市的全面代表。

VTI 是一種被動管理的指數基金，其目標是通過持有指數中的代表性股票樣，去複製指數的表現。

投資 VTI 的成本

管理費：VTI 的管理費是 0.03%，這是一個相對較低的比例。這意味著如果你投資了 10,000 美元，每年你將支付 3 美元的管理費。

交易費：這將取決於你的經紀商和交易平台。一些經紀商可能會對 ETF 交易收取費用，而其他經紀商可能提供免費的 ETF 交易。

傳播成本：這將取決於市場的流動性和交易時間。在市場開放時間內，當流動性較高時，傳播成本通常較低。

追蹤誤差：由於 VTI 是被動管理的 ETF，它的目標是盡可能接近其追蹤的指數。然而，由於各種原因，包括管理費和交易成本，VTI 的實際表現可能會與指數有所差異。

資本利得稅：如果你在賣出 VTI 時實現了利潤，可能需要支付資本利

得稅。這將取決於你的稅務狀況和持有 VTI 的時間長短。

7.5 ETF 的成本指標

ETF 費用率是由 ETF 的營運費用除以其平均淨資產得出的。營運費用包括了管理費、保管費、交易稅、指數授權費等項目，而平均淨資產則是指 ETF 在一年內的平均市值。舉例來說，如果一檔 ETF 在一年內的平均淨資產是 1 億美元，而其營運費用是 20 萬美元，那麼其費用率就是 0.2%。

ETF 費用率會從投資人的帳戶中自動扣除，因此會降低投資人的實際收益。舉例來說，如果一檔 ETF 在一年內的報酬率是 10%，而其費用率是 0.1%，那麼投資人實際得到的報酬率就是 9.9%。每多支付一點點的費用，就會少得到一點點的收益。

一個好的 ETF 費用率通常是低於平均水準的。近年來，由於競爭和科技的進步，許多 ETF 的費用率都有下降的趨勢。例如，股票型 ETF 在 2021 年的平均費用率是 0.16%，而債券型 ETF 在 2021 年的平均費用率是 0.12%。當然，不同類型和風格的 ETF 會有不同的費用率水準，因此投資人在選擇時要考慮自己的目標和偏好。

ETF 費用率包含項目

經理費：這是 ETF 的管理公司收取的費用，用於支付基金經理、分析師、研究員等人員的薪資和獎金。

保管費：這是 ETF 的保管機構收取的費用，用於支付保管、交割、結

算等服務的成本。

交易稅：這是 ETF 在買賣成分證券時必須支付的稅金，例如證交稅、印花稅等。

指數授權費：這是 ETF 向指數提供者支付的費用，用於獲得指數的使用權和數據。

其他雜支：這是 ETF 在運作過程中可能產生的其他費用，例如審計費、法律費、行政費等。

不同的 ETF 會有不同的內扣成本項目和數額，因此其費用率也會有所差異。而且，有些內扣成本並不是固定或每年必發生的，例如召開受益人會議費用、借款費用等。因此，ETF 費用率會隨著內扣成本的變化而浮動。

不同費用比率的 ETF

1. Vanguard S&P 500 ETF(VOO)：VOO 是一種受歡迎的 ETF，旨在追蹤 S&P 500 指數的表現。它的費用率極低，僅為 0.03%。這意味著每投資該基金 10,000 美元，只有 3 美元用於支付該基金的年度運營費用。

2. SPDR S&P 500 ETF 信託 (SPY)：SPY 是另一隻追踪標準普爾 500 指數的 ETF。它的費用比率略高於 VOO，為 0.09%。因此，每投資 SPY 10,000 美元，就有 9 美元用於年度運營費用。

3. Invesco QQQ Trust（QQQ）：QQQ 是一款追踪 NASDAQ-100 指數的 ETF，該指數包括在納斯達克股票市場上市的 100 家最大的國內和國際非金融公司。它的費用率為 0.20%，這意味著每投資 10,000 美元，就有 20 美元用於年度運營費用。

4. iShares Russell 2000 ETF(IWM)：IWM 是一款追踪 Russell 2000 指數投資結果的 ETF，該指數衡量美國股市小盤股的表現。其費用率為 0.19%。因此，每投資 IWM 10,000 美元，就有 19 美元用於年度運營費用。

費用比率是選擇投資 ETF 時需要考慮的因素。即使費用比率的微小差異也會對投資者的長期投資回報產生重大影響。在做出投資決定之前，比較類似 ETF 的費用比率非常重要。

7.6 費用率較高的 ETF

1. ARK 創新 ETF（ARKK）：ARKK 是一隻主動管理的 ETF，在正常情況下主要（至少佔其資產的 65%）投資於與該基金顛覆性創新投資主題相關的公司的國內外股票證券，以尋求資本的長期增長。它的費用率較高，為 0.75%。這意味著每投資該基金 10,000 美元，就有 75 美元用於支付該基金的年度運營費用。

2. ARK 基因組革命 ETF（ARKG）：ARKG 是一款主動管理的 ETF，

在正常情況下主要（至少佔其資產的 80%）投資於多個產業（包括醫療保健、信息）公司的國內和美國交易所交易的外國股票證券，以尋求資本的長期增長與該基金的基因組革命投資主題相關的技術、材料、能源和非必需消費品。它的費用率為 0.75%，即每投資 10,000 美元，就有 75 美元用於年度運營費用。

3. ARK 下一代互聯網 ETF（ARKW）：ARKW 是一款主動管理型 ETF，通過在正常情況下主要（至少 80% 的資產）投資於與該基金投資主題相關的公司的國內和美國交易所交易的外國股票證券來尋求資本的長期增長。下一代互聯網。它的費用率為 0.76%，這意味著每投資 10,000 美元，就有 76 美元用於年度運營費用。

4. ARK 金融科技創新 ETF（ARKF）：ARKF 是一隻主動管理的 ETF，尋求資本的長期增長。該基金是主動管理型交易所交易基金，正常情況下將主要（至少佔其資產的 80%）投資於從事該基金投資主題為金融科技（「Fintech」）的公司的境內外股權證券。它的費用率為 0.75%，這意味著每投資 10,000 美元，就有 75 美元用於年度運營費用。

5. ARK 自主技術與機器人 ETF（ARKQ）：ARKQ 是一款主動管理型 ETF，在正常情況下主要（至少佔其資產的 65%）投資於與該基金顛覆性創新投資主題相關的公司的國內外股票證券，以尋求

資本的長期增長。它的費用率較高，為 0.75%。這意味著每投資
該基金 10,000 美元，就有 75 美元用於支付該基金的年度運營費
用。

6. ARK 太空探索與創新 ETF（ARKX）：ARKX 是一款主動管理的
ETF，尋求資本的長期增長。該基金是主動管理型交易所交易基
金，正常情況下將主要（至少佔其資產的 80%）投資於從事該基
金投資主題為太空探索和創新的公司的境內外股權證券。它的費
用率為 0.75%，這意味著每投資 10,000 美元，就有 75 美元用於年
度運營費用。

7. ARK 3D 打印 ETF(PRNT)：PRNT 是一款主動管理的 ETF，尋求
資本的長期增長。該基金為主動管理型交易所交易基金，正常情況
下將主要（至少佔其資產的 80%）投資於從事該基金投資主題為 3D
打印技術和 3D 打印的公司的境內外股權證券公司。它的費用率為
0.66%，這意味著每投資 10,000 美元，就有 66 美元用於年度運營費
用。

8. ARK 以色列創新技術 ETF（IZRL）：IZRL 是一款積極管理的 ETF，
尋求資本的長期增長。該基金是一隻主動管理型交易所交易基金，在
正常情況下將主要（至少佔其資產的 80%）投資於從事以色列創新技

術基金投資主題的公司的國內外股票證券。它的費用率為 0.49%，這意味著每投資 10,000 美元，就有 49 美元用於年度運營費用。

雖然這些 ETF 與其他 ETF 相比具有更高的費用比率，但它們也為創新領域提供了獨特的投資機會。然而，較高的費用率是投資者在決定是否投資這些 ETF 時應該考慮的成本。

7.7 ETF 的稅務效率

不同 ETF 的稅務效率：

1. SPY（SPDR S&P 500 ETF）：SPY 的結構為單位投資信託（UIT），具有一些獨特的稅務影響。UIT 必須將任何股息或利息收入全部分配給股東，這可能會導致在應稅賬戶中持有 ETF 的投資者承擔納稅義務。然而，SPY 追蹤的是標準普爾 500 指數，該指數是一個基礎廣泛的指數，成交量相對較低，因此與其他一些類型的 ETF 相比，它產生的資本收益分配較少。與主動管理型基金相比，這使得 SPY 的稅務效率相對較高，但不如其他一些類型的 ETF。

2. QQQ（Invesco QQQ Trust）：QQQ 追蹤納斯達克 100 指數，該指數主要關注科技股。與 SPY 一樣，QQQ 也採用 UIT 結構。然而，納斯達克 100 指數的換手率高於標準普爾 500 指數，這可能會導致更頻繁的資本利得分配，並導致在應稅賬戶中持有 ETF 的投資

者承擔潛在的納稅義務。儘管如此，QQQ 仍然比大多數主動管理基金更具稅務效率。

3. VWO（先鋒富時新興市場 ETF）：VWO 的結構為開放式基金，使其能夠利用某些策略來最大限度地減少資本收益分配，例如實物贖回。這使得 VWO 比同類 UIT 更具稅務效率。然而，VWO 投資於新興市場股票，這可能會產生 SPY 或 QQQ 等國內 ETF 中不存在的外國稅務負債。

4, GLD（SPDR Gold Trust）：GLD 是一款追踪黃金價格的獨特 ETF。它的結構為授予人信託，這意味著它須繳納「收藏品」稅率，而不是通常的長期資本利得稅率。這可能會導致持有 GLD 超過一年的投資者繳納更高的稅款。然而，由於 GLD 追蹤單一商品（黃金）的價格，因此它不會產生資本收益分配，從而在這方面更具稅務效率。

5. IWM（iShares Russell 2000 ETF）：IWM 追踪由小盤股組成的 Russell 2000 指數。由於小盤股的換手率往往高於大盤股，因此 IWM 可能比追蹤大盤股指數的 ETF 產生更多的資本收益分配。然而，IWM 的結構是開放式基金，這使得它能夠使用實物贖回來最大限度地減少資本收益分配。這使得 IWM 比同類共同基金更具稅

務效率。

6. VGT（先鋒信息技術 ETF）：VGT 追蹤 MSCI 美國可投資市場信息技術 25/50 指數，該指數由大盤科技股組成。與 IWM 一樣，VGT 的結構是開放式基金，這使得它能夠使用實物贖回來最大限度地減少資本收益分配。此外，由於 VGT 追蹤換手率相對較低的產業指數，因此與追蹤波動性較大指數的 ETF 相比，它產生的資本收益分配更少。這使得 VGT 成為稅務效率更高的 ETF 之一。

7. XLE（能源精選產業 SPDR 基金）：XLE 追蹤能源精選產業指數，其中包括從事石油、天然氣及其他能源相關產品和服務的勘探、生產和分銷的公司。作為被動型 ETF，XLE 通過持有與指數構成密切匹配的多元化股票投資組合來追蹤能源精選產業指數的表現。該基金的持股會定期重新平衡，以確保它們與指數相匹配。然而，由於 XLE 專注於能源產業，因此它可能會比大市場 ETF 產生更多的資本收益分配，從而導致投資者承擔更高的納稅義務。

8. BND（先鋒總債券市場 ETF）：BND 追踪彭博巴克萊美國綜合債券指數，這是一個基礎廣泛的基準，包括廣泛的美國投資級債券。由於 BND 持有可產生利息收入的債券，因此它的稅務效率可能低於股票 ETF，特別是對於較高稅級的投資者而言。然而，

BND 的低周轉率及其對實物贖回的做法，有助於最大限度地減少資本利得分配，使其比同類共同基金更具稅務效率。

9. EEM（iShares MSCI 新興市場 ETF）：EEM 追踪 MSCI 新興市場指數，其中包括新興市場的大中型股票。由於 EEM 投資於外國股票，因此可能會產生國內 ETF 中不存在的外國稅務負債。然而，EEM 使用實物贖回，可以最大限度地減少資本利得分配，使其比同類共同基金更具稅務效率。

一般來說，由於其獨特的結構，ETF 被認為比共同基金更具稅務效率。ETF 通常利用實物贖回來最大限度地減少資本利得分配，從而降低投資者的納稅義務。然而，ETF 的稅務效率可能受到多種因素的影響，包括其結構、基礎指數的周轉率以及其持有的資產類型。與往常一樣，投資者應諮詢稅務顧問，以了解任何投資的潛在稅務影響。

ETF 稅務效率的一般原則

ETF 通常被認為是節稅的投資工具，但節稅的程度可能因多種因素而異。以下是一些需要牢記的一般原則：

結構：ETF 的結構允許大量創建和贖回股票，通常是實物（即證券而不是現金）。這種機制使 ETF 能夠避免引發資本收益，否則這些收益將轉嫁給股東。

換手率：追蹤指數的 ETF 的換手率通常低於主動管理型基金，這意味著它們觸發資本收益的可能性較小。然而，追蹤高換手率指數或使用再平衡或衍生品等策略的 ETF 仍可能產生資本收益。

股息：投資於派息股票或生息資產的 ETF 將這些收益分配給股東，這可能需要納稅。然而，一些 ETF 可能會使用策略來最小化這些分佈。

國際投資：投資外國證券的 ETF 可能需要繳納外國稅，這會降低其稅務效率。然而，投資者可以在美國納稅申報表上申請外國稅務抵免或扣除，以抵消這些成本。

專業 ETF：某些類型的 ETF，例如商品 ETF 或使用槓桿的 ETF，可能具有獨特的稅務影響。例如，一些商品 ETF 的結構為有限合夥企業，可能要求投資者提交附表 K-1。

持有期：長期資本收益率通常低於短期利率，因此在出售前持有 ETF 一年以上可以降低稅費。

地點：在 IRA 或 401(k) 等稅務優惠賬戶中持有稅務效率低的 ETF，例如那些產生大量股息或利息收入的 ETF，有助於提高其稅後回報。

7.8 ETF 的流動性

流動性是指在不影響 ETF 價格的情況下買賣 ETF 的容易程度。交易量較高的 ETF 通常具有更好的流動性，這可以讓投資者在需要時更輕鬆地買賣股票。流動性是一種衡量資產買賣容易程度的指標。

衡量流動性的因素

交易量：這是最直接的流動性指標。一個交易量大的 ETF 意味著有更多的買家和賣家，這使得投資者更容易找到交易對手，並且可能會有更小的買賣價差。

買賣價差：這是指 ETF 的買價（投資者可以賣出的價格）和賣價（投資者可以買入的價格）之間的差距。一個小的買賣價差通常意味著良好的流動性。

創建／贖回機制：ETF 的創建／贖回機制可以提供額外的流動性。當 ETF 的價格與其淨資產價值（NAV）出現較大偏離時，授權參與者（AP）可以透過創建或贖回 ETF 份額來獲利，這有助於將 ETF 的價格拉回到其 NAV 附近。

基礎資產的流動性：ETF 的流動性也受其基礎資產的流動性影響。例如，一個追蹤流動性良好的大盤股票的 ETF 通常會有較好的流動性，而一個追蹤流動性較差的小盤股票或某些特定國家或地區的 ETF 可能會有較差的流動性。

投資者可以透過查看交易量、買賣價差等數據，以及瞭解 ETF 的創建／贖回機制和基礎資產的特性，來評估 ETF 的流動性。這些信息通常可以在 ETF 的官方網站、交易平台或金融新聞網站上找到。

流動性明顯有差異的 ETF：

1. SPDR S&P 500 ETF Trust（SPY）： 全球最大的 ETF，市值超過

4050 億美元。由於其規模龐大，交易量高，平均成交量（3 個月）為 76,905,399 股。

2. Invesco QQQ Trust（QQQ）： 這是追蹤 NASDAQ-100 指數的 ETF，市值近 2000 億美元。由於其規模大，交易量高，平均成交量（3 個月）為 51,713,029 股。

3. Financial Select Sector SPDR Fund（XLF）： 這是追蹤 S&P 500 金融產業指數的 ETF，市值超過 350 億美元。規模較小，交易量較低，平均成交量（3 個月）為 40,457,739 股。

4. VanEck Vectors Gold Miners ETF（GDX）： 這是追蹤黃金礦業公司的 ETF，市值約 110 億美元。規模較小，交易量較低，平均成交量（3 個月）為 19,430,866 股。

5. iShares Silver Trust（SLV）： 這是追蹤銀價的 ETF，市值約 110 億美元。由於其規模較小，交易量較低，平均成交量（3 個月）14,724,639 股。

比較 ETF 的流動性

資產規模（AUM）：這是 ETF 持有的資產總值，反映了 ETF 的規模和

受歡迎程度。一般來説，資產規模越大，流動性越高，因為有更多的買家和賣家參與交易。

根據 Google Finance 的數據，截至 2023 年 4 月 10 日，QQQ 的資產規模為 2000.4 億美元，SPY 的資產規模為 4182.5 億美元，XLF 的資產規模為 352.9 億美元，GDX 的資產規模為 113.8 億美元，SLV 的資產規模為 111.1 億美元。從這個角度看，SPY 的流動性最高，GDX 的流動性最低。

成交量（Volume）：這是在一定時間內交易的 ETF 股票數量，反映了市場的活躍程度和需求。一般來説，成交量越高，流動性越高，因為有更多的交易機會和價格發現。

根據 Yahoo Finance 的數據，截至 2023 年 4 月 10 日，QQQ 的平均每日成交量為 64,751,821 股，SPY 的平均每日成交量為 95,289,085 股，XLF 的平均每日成交量為 41,956,694 股，GDX 的平均每日成交量為 23,895,664 股，SLV 的平均每日成交量為 13,579,637 股。從這個角度看，SPY 的流動性最高，SLV 的流動性最低。

價差（Spread）：這是買入價格（Bid）和賣出價格（Ask）之間的差額，反映了交易的成本和市場的效率。一般來説，價差越小，流動性越高，因為買賣雙方的價格更接近。

根據 Barchart.com 的數據，截至 2023 年 4 月 10 日，QQQ 的平均價差百分比為 0.01%，SPY 的平均價差百分比為 0.02%，XLF 的平均價差百分比為 0.03%，GDX 的平均價差百分比為 0.07%，SLV 的平均價差百分比為 0.30%。從這個角度看，QQQ 的流動性最高，SLV 的流動性最低。

結論

QQQ 和 SPY 都是非常流動的 ETF，具有很大的資產規模、很高的成交量和很小的價差。它們之間的流動性差異不大，可能取決於不同的時間和市場狀況。QQQ 的優勢是價差更小，SPY 的優勢是成交量更高。

XLF 和 GDX 都是相對不太流動的 ETF，具有較小的資產規模、較低的成交量和較大的價差。它們之間的流動性差異較大，XLF 的流動性明顯高於 GDX。XLF 的優勢是資產規模和成交量都比 GDX 大，GDX 的優勢是追蹤黃金礦業指數，可能在黃金價格上漲時受益。

SLV 是一個流動性較差的 ETF，具有較小的資產規模、較低的成交量和較大的價差。它的流動性遠低於其他四個 ETF。SLV 的優勢是專門追蹤銀礦業指數，可能在銀價格上漲時受益。

7.9 查看 ETF 的收益分配

ETF 分配是指，ETF 的收益中，扣除必要的費用（如信託費用），從組合中產生的收益中支付的分配金。ETF 的分配金是由組合中的股票、房地產投資信託（REIT）和債券等產生的收益支付的。ETF 的分配金是在決算日後支付的，而決算日是每年一次或多次，具體取決於 ETF。

一些 ETF 向股東支付股息或資本利得分配。如果投資者投資是為了收入，投資者可能更喜歡定期分配的 ETF。但是，請記住，這些分配可能會產生稅務影響。

ETF 的分配主要有兩種形式：現金分配和再投資分配。

現金分配：這是最常見的分配形式。當 ETF 持有的證券（如股票或債券）支付利息或股息時，這些收入會被 ETF 收集起來，然後在一年中的特定時間點（通常是每季度或每半年）分配給 ETF 的持有者。這些分配通常以現金的形式支付，並且會直接存入投資者的賬戶。

再投資分配：在這種情況下，ETF 不會將收入以現金的形式分配給投資者，而是將這些收入再投資回基金中，用於購買更多的證券。這種分配形式可以幫助投資者自動複利他們的投資，並且可以避免支付可能與現金分配相關的稅款。

值得注意的是，不同的 ETF 可能會有不同的分配政策，並且這些政策可能會受到 ETF 的投資目標和策略的影響。例如，一個追求收入的 ETF 可能會選擇將所有收入以現金的形式分配給投資者，而一個追求資本增值的 ETF 可能會選擇將所有收入再投資回基金中。因此，投資者在選擇 ETF 時，應該仔細研究其分配政策，以確保它符合他們的投資目標和稅務需求。

ETF 的分配頻率和時間

季度分配：許多 ETF 每季度分配一次收益，通常在每個季度結束後的一個月內。例如，如果一個 ETF 在 3 月、6 月、9 月和 12 月結束時收集了收益，那麼它可能會在 4 月、7 月、10 月和 1 月分配這些收益。

半年分配：一些 ETF 每半年分配一次收益，通常在每半年結束後的一個月內。例如，如果一個 ETF 在 6 月和 12 月結束時收集了收益，那麼它可能會在 7 月和 1 月分配這些收益。

年度分配：一些 ETF 每年分配一次收益，通常在每年結束後的一個月內。例如，如果一個 ETF 在 12 月結束時收集了收益，那麼它可能會在 1 月分配這些收益。

不定期分配：一些 ETF 可能會在任何時間點分配收益，這通常取決於該 ETF 的投資策略和目標。例如，一個追求最大收益的 ETF 可能會在證券支付利息或股息後立即分配收益。

ETF 的分配例子：

1. iShares Silver Trust(SLV)： 這個 ETF 並不提供分配，因為它追蹤的是銀價。

2. Invesco QQQ Trust(QQQ)： 這個 ETF 的分配頻率為季度，最近的分配日期為 2023 年 6 月 20 日，下一次的分配日期為 2023 年 9 月 18 日。其 TTM（過去 12 個月）分配率為 2.15 美元。

3. SPDR Gold Shares(GLD)： 這個 ETF 也不提供分配，因為它追蹤的是黃金價格。

4. SPDR S&P 500 ETF Trust(SPY)： 這個 ETF 的分配頻率為季度，最近的分配日期為 2023 年 6 月 16 日，下一次的分配日期為 2023 年 9 月 15 日。其 TTM 分配率為 6.47 美元。

5. SPDR Dow Jones Industrial Average ETF Trust(DIA)： 這個 ETF 的分配頻率為月度，最近的分配日期為 2023 年 6 月 16 日，下一次的分配日期為 2023 年 7 月 21 日。其 TTM 分配率為 6.51 美元。

6. Vanguard Total Stock Market ETF(VTI)：這是一個大型股票 ETF，其分配頻率為季度。該 ETF 的股息收益率為 1.52%。

7. Vanguard Total Bond Market ETF(BND)：這是一個債券 ETF，其分配頻率為月度。該 ETF 的股息收益率為 2.72%。

8. Vanguard Real Estate ETF(VNQ)：這是一個房地產 ETF，其分配頻率為季度。該 ETF 的股息收益率為 4.43%。

9. Vanguard FTSE Emerging Markets ETF(VWO)：這是一個新興市場 ETF，其分配頻率為季度。該 ETF 的股息收益率為 5.07%。

10. Vanguard Total International Stock ETF(VXUS)：這是一個國際股票 ETF，其分配頻率為季度。該 ETF 的股息收益率為 2.96%。

7.10 使用分析工具

有許多分析工具可以幫助投資者研究和比較 ETF。這些工具可以提供有關 ETF 績效、風險、成本等的信息，幫助投資者做出明智的決策。

ETF 數據庫：ETF 數據庫是集中存儲 ETF 相關信息的平台。這些數據庫提供了 ETF 的詳細信息，包括其資產類別、地區、產業、費用比率、交易量、淨資產價值（NAV）等。

例如，Morningstar 提供了一個全面的 ETF 數據庫，其中包含了數千種 ETF 的詳細信息，並且提供了對 ETF 的評級和評價。ETF.com、etfdb.com 和 Yahoo Finance 也提供了類似的服務，並且提供了一些額外的功能，如 ETF 比較工具和 ETF 篩選器。

ETF 篩選器：ETF 篩選器是一種工具，可以根據投資者的特定需求和條件來篩選 ETF。例子有 ETFdb、ETF.com、Morningstar、Yahoo Finance 等，投資者可以根據資產類別（如股票、債券、商品等）、地區（如美國、歐洲、亞洲等）、產業（如科技、金融、醫療等）、費用比率等來篩選 ETF，幫助投資者找到符合他們投資目標的 ETF。

投資組合分析工具：投資組合分析工具可以幫助投資者分析他們的 ETF 投資組合，包括其風險、回報、分散化程度等。例如，Vanguard 的投資組合分析工具可以提供投資組合的資產分配、風險和回報分析、費用分析等。Fidelity 的投資組合分析工具則可以提供投資組合的風險評級、風險和回報比較、資產和產業分配等。

技術分析工具：這些工具包括股票圖表、移動平均線、相對強弱指數（RSI）等。例如，TradingView 提供了一個強大的技術分析平台，其中包含了各種技術分析工具和指標。

基本面分析工具：基本面分析工具可以幫助投資者分析 ETF 的基本面，包括其持有的證券的盈利能力、財務狀況等。

第二部份
投資 ETF
　　知己知彼

8 投資的目標

8.1 確定目標

在開始交易 ETF 之前，了解個人的投資目標至關重要。這些目標將指導個人的交易策略並幫助個人決定哪些 ETF 適合個人。了解投資目標是投資成功的關鍵。

考慮因素

確定投資期限：你打算在多久的時間內投資？你的投資目標是短期的（例如，一年內）還是長期的（例如，10 年或更長）？你的投資期限將影響你的投資策略和風險承受能力。

確定投資目標：你的投資目標是什麼？是為了退休、購買房產、支付孩子的大學學費、創建緊急儲蓄基金，還是其他目標？明確的投資目標可以幫助你選擇適當的投資策略。儲蓄和投資目標：你可能有一些長期的財務目標，如為退休儲蓄、購買房產、子女的教育基金等。你需要確定為達成這些目標，每個月需要儲蓄和投資多少錢。個人的儲蓄水平也是一個重要因素。如果個人已經有一筆豐厚的儲蓄，個人可能能夠承擔更高的投資風險。反之，如果個人的儲蓄較少，個人可能需要選擇風險較低的投資。

理解風險承受能力：你能承受多大的投資風險？你的風險承受能力取決於你的財務狀況、年齡、健康狀況、投資知識和經驗等因素。理解個人的風險承受能力可以幫助你選擇適合你的投資。

　　確定投資策略：你打算如何實現你的投資目標？你將選擇哪種投資策略（例如，價值投資、成長投資、動量投資、定期定額投資等）？你將投資於哪種類型的資產（例如，股票、債券、房地產、現金等）？

　　投資是一個持續學習和調整的過程。你需要定期檢查你的投資組合，並根據市場條件和你的投資目標的變化進行調整。

8.2 了解財務狀況

　　在確定投資目標之前，首先需要對自己的財務狀況有一個清晰的了解評，估個人的財務狀況。首先是確定個人收入需求，這是重要的財務規劃過程，涉及到對生活開支、儲蓄目標、投資計劃以及未來財務需求的評估。

具體的步驟和建議

　　收入：個人的收入水平將直接影響個人可以投資的金額。如果個人的收入穩定，個人可能能夠承擔更高的投資風險。反之，如果個人的收入不穩定，可能需要選擇風險較低的投資。

　　生活開支：包括固定開支（如房租或房貸、公共事業費、保險費用、車貸等）和變動開支（如食物、交通、娛樂、健康護理等）。這樣可幫助你了解你的基本生活成本，並確定你的收入至少要能夠覆蓋這些基本開支。

娛樂經費：除了基本生活開支和儲蓄投資，還應該考慮到休閒和娛樂的開支。這可能包括旅行、看電影、外出用餐、健身等活動的費用。

債務：如果個人有大量的債務，如學生貸款、信用卡債務或抵押貸款，這可能會限制個人的投資能力。在開始投資之前，個人可能需要先優先償還這些債務。

未來財務需求：你的收入需求可能會隨著生活狀況的變化而變化。例如，如果你計劃在未來幾年內生子，那麼你可能需要增加你的收入需求以覆蓋相關的費用。又或者，如果你計劃在未來幾年內退休，那麼你可能需要考慮到退休後的收入需求。如果個人的工作提供退休儲蓄計劃，如MPF、401(k) 或者 IRA，並且提供匹配的供款，那麼個人應該優先考慮最大化這些供款。這些供款通常是稅前的。一旦個人最大化了這類供款，個人可以考慮其他的投資選擇。

通脹因素：當你規劃長期收入需求時，不要忽視通脹的影響。隨著時間的推移，物價會上漲，你的生活成本也會增加。因此，收入需求也應該考慮到未來可能的通脹率。

定期檢查和調整你的收入需求：你的生活狀況和財務目標可能會隨著時間的推移而變化，所以應該定期（例如每年或每半年一次）檢查你的收入需求，並根據需要進行調整。

保險：保險是一種重要的風險管理工具，可以保護個人免受重大財務損失。在開始投資之前，個人應該確保個人有足夠的保險，包括健康保險、汽車保險、房主或租戶保險，以及人壽保險（如果有人依賴個人的收入）。

稅務規劃：個人的稅務狀況也會影響個人的投資決策。某些投資，如

股息股票或高收益債券,可能會產生較高的稅負。在開始投資之前,個人可能需要與稅務顧問討論個人的稅務狀況。

8.3 確定個人財務目標

個人的財務目標是個人希望通過投資實現的具體貨幣目標。這些可能包括為退休儲蓄、購買房屋、資助孩子的教育或建立應急基金。每個目標都有不同的時間範圍和風險承受能力,這將影響個人選擇的 ETF 類型。

財務目標是你希望通過管理和規劃你的財務資源來實現的具體目標。

SMART 財務目標設定

設定財務目標是財務規劃的重要部分。它可以幫助你確定你的優先事項,並制定一個計劃來達成這些目標。在設定財務目標時,你應該確保這些目標是具體的、可衡量的、可達成的、相關的,並有一個明確的時間框架——這被稱為 SMART 目標設定法。

當我們設定財務目標時,我們可以從巴菲特的投資哲學中獲取一些啟示。巴菲特是一位長期投資者,他的策略是尋找價值,並且有耐心等待。他認為,投資就像棒球比賽,你可以等待你最喜歡的球出現,然後再揮棒。這種哲學也可以應用到設定財務目標上。

設定法則

儲蓄和投資:這可能是為了達到一個具體的金額,例如為了購買房產、支付孩子的大學學費或者為退休生活儲蓄。

償還債務：如果你有學生貸款、信用卡債務或者抵押貸款，那麼你的財務目標可能是償還這些債務。

緊急用儲蓄：在開始投資之前，個人應該有一筆相當於三到六個月生活開支的緊急儲蓄。這筆錢可以用來應對突發的財務危機，如失業或醫療緊急情況。擁有緊急儲蓄可以讓個人在這些情況下不必賣出個人的投資，這尤其重要，因為這些情況可能會在市場下跌時發生。

提高收入：這可能涉及到提升你的技能、尋找一份更高薪的工作，或者創建一個副業來增加你的收入。

退休規劃：你的財務目標可能包括確保你有足夠的儲蓄和投資來支持你的退休生活。

具體（Specific）：巴菲特在投資時會尋找具體的機會，會詳細研究公司的財務報告和業務模型。同樣，我們在設定財務目標時，也應該確定具體的數字和期限。例如，「我想在五年內儲蓄 25,000 元，用於購買一輛新車」。

可衡量（Measurable）：巴菲特會定期檢查他的投資組合，看看他的投資是否如預期那樣表現。我們也應該定期檢查我們的財務目標，看看我們是否在正確的軌道上。

可達成（Achievable）：巴菲特認為，投資者應該在他們理解的範疇內進行投資。同樣，我們的財務目標也應該是我們可以實際達成的。如果目標過於雄心勃勃，我們可能會感到沮喪並放棄。

相關（Relevant）：巴菲特的投資策略始終與他的長期目標相關，即創造持久的價值。我們的財務目標也應該與我們的長期生活目標相關。

有時間框架（Time-bound）：巴菲特是一位長期投資者，他的投資策略

需要時間才能產生回報。我們的財務目標也應該有一個明確的時間框架，這樣我們就可以看到我們的進步，並保持動力。

設定財務目標，需要具體、可衡量、可達成、相關且有時間框目標。這樣，我們就可以像巴菲特一樣，有耐心地等待，並看到我們的努力最終會帶來豐厚的回報。

8.4 評估風險承受能力

評估風險承受能力是投資計劃的重要部分。這涉及到對個人的財務狀況、投資目標和個人風險偏好的評估。

評估風險承受能力的步驟

理解風險和回報的關係：投資風險和回報是相關的。通常，高風險投資有可能帶來更高的回報，但也有可能帶來更大的損失。理解這種關係可以幫助個人確定個人願意承擔多少風險。

評估個人的財務狀況：個人的財務狀況會影響個人的風險承受能力。如果個人有穩定的收入、足夠的儲蓄和少量的債務，個人可能能夠承擔更高的風險。反之，如果個人的收入不穩定、儲蓄不足或債務較多，個人可能需要選擇風險較低的投資。

確定個人的投資目標：個人的投資目標也會影響個人的風險承受能力。如果個人的投資目標是長期的（例如，為退休儲蓄），個人可能能夠承擔更高的風險，因為個人有更多的時間來彌補可能的損失。如果個人的投資目標是短期的（例如，為購房儲蓄），個人可能需要選擇風險較低的投資。

考慮個人的風險偏好：每個人對風險的態度都不同。有些人可能更願意承擔風險，希望獲得更高的回報。其他人可能更保守，更重視保護他們的投資。個人的風險偏好會影響個人的風險承受能力。

8.5 場景研究

假設有一個香港中產家庭，李先生和李太太，他們有兩個在學孩子。李先生是一位會計師，年收入為 HKD800,000，而李太太是一位教師，年收入為 HKD600,000。他們每個月都能存下一部分薪水。然而，他們並沒有考慮過，他們的財務狀況是否健康，也不確定他們是否為未來做好準備。

資產和負債

首先，我們需要看的是李家的資產和負債。他們的資產包括儲蓄（HKD 500,000）、退休賬戶（HKD 1,200,000）和投資（HKD 800,000），而他們的負債則包括房屋貸款（HKD 2,000,000）和車貸（HKD 200,000）。李家的資產（HKD 2,500,000）大於負債（HKD 2,200,000），他們的淨值是 HKD 300,000，這是一個健康的財務狀況的標誌。

收入和支出

接下來，我們需要看李家的收入和支出。他們需要確保他們的收入足以支付他們的基本生活費用，如食物（HKD 20,000/ 月）、住房（HKD 28,000/ 月）和交通（HKD15,,000/ 月）。此外，他們還需要留下部份的收入

來支付其他的開銷（HKD 8,000/月），並且還能存下一些錢來應對緊急情況和未來的目標。然後，我們需要看李家的財務目標。他們可能希望在未來幾年內為孩子的教育儲蓄，或者他們可能希望在 65 歲時退休。這些目標將影響他們的儲蓄和投資策略。

財務狀況

在進一步瞭解李家的財務狀況之前，我們首先需要對他們的收入和支出進行詳細的分析。他們的每年的總收入為 HKD 1,400,000，扣除夫婦兩人稅款和 MPF 供款，每年收入約為 1,050,000。他們的支出包括食物、住房、交通、娛樂、孩子的教育費用等，總計每月大約為 HKD58,000，即每年 HKD852,000，齊頭 HKD850,000 以方便計算。

在這種情況下，李家每年可以節省下來的金額為 HKD 200,000（HKD 1,050,000 - HKD 850,000）。這是他們可以用來投資、儲蓄或支付債務的金額。這是他們可以用來達到他們的財務目標的金額。李家的財務目標可能包括為孩子的大學教育儲蓄、為退休儲蓄、購買新的家庭車輛等。他們需要確定這些目標需要多少錢，並計劃如何使用他們的儲蓄來達到這些目標。

家庭目標

例如，如果他們希望在 15 年後為兩個孩子的大學教育儲蓄 HKD 1,000,000，這意味著他們每年需要將 HKD66,000（HKD 1,000,000/15 年）的金額放入一個專門為此目標設立的儲蓄或投資賬戶。

通過這種方式，李家可以更好地理解他們的財務狀況，並且可以制定一個計劃來達到他們的財務目標。他們可以確定他們需要儲蓄和投資多少錢，以及他們需要做出哪些生活方式的改變，以便他們可以達到他們的目標。

例如，如果他們發現他們的當前生活方式無法讓他們達到他們的儲蓄目標，他們可能需要考慮降低一些非必要的支出，如娛樂或旅行。或者，他們可能需要尋找增加收入的方式，如尋找一份薪水更高的工作，或者開始一個副業。

然而，這並不意味著他們應該將所有的 20 萬港元都投入 ETF。他們還需要考慮其他財務目標，例如為子女的教育儲蓄，或為退休做準備。他們也需要留一部分資金作為應急儲備。

可能的資金分配方式

應急儲備：將年盈餘的 20%（4 萬港元）存入一個容易取款的儲蓄賬戶，用於應對突發的支出，如醫療費用或失業。

子女教育儲蓄：將年盈餘的 35%（7 萬港元）投入一個專門為子女教育設立的儲蓄計劃。

投資 ETF：將年盈餘的剩餘 55%（即 9 萬港元，約 1.5 萬美元）投入 ETF。這部分資金可以根據李家的風險承受能力和投資目標，分配到不同的 ETF，如 QQQ、VTI 或 VOO。

這只是一種可能的資金分配方式，李家需要根據他們的實際情況和財

務目標來調整。他們也應該定期檢視和調整他們的資金分配,以確保它仍然符合他們的需要。

李家可以考慮以下 3 種 ETF 進行投資:

1. VTI（Vanguard Total Stock Market ETF）:這是一種追蹤美國全市場指數的 ETF,包含大、中、小型公司的股票。這種 ETF 提供了對美國股市的廣泛曝光,並且費用比率極低（0.03%）,是一種風險分散的投資選擇。VTI 的最新年度報酬率為 0.187,投資者每投資 100 元,一年可以賺取 18.7 元。

2. VOO（Vanguard S&P 500 ETF）:這是一種追蹤 S&P 500 指數的 ETF,該指數包含了美國最大的 500 家上市公司。VOO 的費用比率也非常低（0.03%）,並且提供了對美國大型公司的曝光。VOO 的最新年度報酬率為 0.1945,投資者每投資 100 元,一年可以賺取 19.45 元。

3. QQQ（Invesco QQQ Trust）:這是一種追蹤 NASDAQ-100 指數的 ETF,該指數包含了納斯達克交易所最大的 100 家非金融公司,主要是科技和創新型公司。QQQ 的費用比率為 0.20%,略高於 VTI 和 VOO,但仍然相對較低。QQQ 的最新年度報酬率為 0.3274,投資者每投資 100 元,一年可以賺取 32.74 元。

以上三種 ETF 都是市場上流動性最好的 ETF 之一，投資者可以在開市時間內隨時買賣。李家可以根據他們的風險承受能力和投資目標，選擇適合的 ETF 進行投資。例如，如果他們希望追求更高的報酬並且能夠承受較高的風險，可以選擇投資 QQQ；如果他們希望風險較低，可以選擇投資 VTI 或 VOO。

8.6 投資示例

假設李家從 2014 年開始，每年在 1 月第一個交易日投資 1 萬美元買 QQQ，並在 2023 年 7 月 1 日賣出所有持有的 QQQ，那麼總回報是多少呢？

QQQ 包含了許多科技股和創新股，股價在過去幾年中有很大的漲幅，從 2014 年 1 月 1 日的 88.39 美元上漲到 2023 年 7 月 1 日的 382.61 美元。

以下日是李家每年在 1 月第一個交易日買入 QQQ 時的股價和持有數量：

年份	買入日期	買入價格（美元）	買入數量（股）	持有數量（股）
2014	2014-01-02	88.39	113	113
2015	2015-01-02	103.31	97	210
2016	2016-01-04	111.86	90	300
2017	2017-01-03	120.50	83	383
2018	2018-01-02	163.45	61	444
2019	2019-01-02	154.88	65	509

2020	2020-01-02	216.16	46	555
2021	2021-01-04	313.74	32	587
2022	2022-01-03	375.22	26	613
2023	2023-01-03	382.61	26	639
總計				**639 股**

收益 = 持有數量 x 賣出價格 = 639 x $382.61 = $244,487.79

成本 = 每年投資金額 x 年數 = $10,000 x 10 = $100,000

總回報 = 收益 - 成本 = $ $244,487.79 - $100,000 = $144,487.79

回報率 = 總回報 ／ 成本 = $144,487.79 ／ $100,000 = 144.48%

投資者從 2014 年開始，每年在 1 月第 1 個交易日投資 1 萬美元買 QQQ，並在 2023 年 7 月 1 日賣出所有持有的 QQQ，總回報是 USD144,487.79，回報率是 144.48%。

選擇 ETF 的過程中，李家需要考慮他們的投資目標、風險承受能力、投資期限等因素。他們也需要定期檢視和調整他們的投資組合，以確保它仍然符合他們的需要。

通過這種方式，李家可以更好地理解他們的財務狀況，並且可以制定一個計劃來達到他們的財務目標。這種方法可以應用到任何人的財務狀況，無論他們的收入、負債或財務目標如何。這是一種實用且實際的方式，可以幫助任何人更好地管理他們的財務狀況，並為未來做好準備。

如果個人不確定如何評估個人的風險承受能力，個人可能需要尋求財務顧問的幫助。他們可以幫助個人理解風險和回報的關係，並根據個人的財務狀況和投資目標提供建議。

評估風險承受能力並不是一次性的活動。個人的財務狀況、投資目標和風險偏好可能會隨著時間的推移而變化，所以個人應該定期重新評估個人的風險承受能力。

8.7 考慮時間範圍

時間範圍在投資策略中的角色是至關重要的，它決定了投資者能夠承受的風險水平，以及他們應該選擇的投資類型。

長期投資者，例如退休儲蓄者或大學儲蓄計劃的管理者，通常有較長的時間範圍，可能是數十年。這種長期視角使他們能夠承受市場的短期波動，並尋求長期的資本增值。他們可能會選擇風險較高的投資，如股票或新興市場 ETF。這些投資的回報潛力通常較高，但也伴隨著較大的風險。然而，由於他們的時間範圍較長，他們有足夠的時間來等待市場從短期下跌中恢復。

短期投資者，如日交易者或者需要在短期內使用資金的人，他們的時間範圍可能只有幾個月或幾年。他們需要在短期內獲得回報，並且可能無法承受大幅度的價格波動。因此，他們可能會選擇風險較低的投資，如政府債券或大盤股 ETF。這些投資的回報可能較低，但它們的價格通常較為穩定，並且不太可能在短期內出現大幅度的下跌。

時間範圍的長短也會影響投資者的資產配置。長期投資者可能會將更大比例的資金投入股票市場，以獲得更高的潛在回報。而短期投資者可能會將更大比例的資金投入債券或現金等相對安全的資產，以保護他們的資本。

時間範圍也影響了投資者對市場波動的反應。長期投資者可能會選擇忽視市場的短期波動，並專注於他們的長期投資目標。而短期投資者可能需要密切關注市場動態，並快速調整他們的投資組合以應對市場變化。

假設：

長期投資：一位長期投資者決定將大部分的資金投入股票市場，並考慮了一些全球股票 ETF，如 Vanguard Total World Stock ETF（VT）。這個 ETF 追蹤全球股票市場，提供了廣泛的地理和產業多元化。此外，他還考慮了一些適合長期投資的美國 ETF：Vanguard S&P 500 ETF（VOO）、iShares Core S&P 500 ETF（IVV）、SPDR S&P 500 ETF Trust（SPY）、Invesco QQQ ETF（QQQ）、Vanguard Total Stock Market ETF（VTI）等。這些 ETF 適合長期投資的原因是，它們追蹤的指數是市場上最大的指數之一，例如 S&P 500 指數，這意味著它們持有市場上最大的公司之一的股票。長期投資 ETF 可以幫助您分散風險，並在市場上獲得穩定的回報。此外，這些 ETF 的管理費用相對較低，因此在績效差不多的情況下，會選擇管理費收取較少的 ETF。

短期投資：一位短期投資者可能會選擇一個更保守的投資策略。他可能會選擇一個債券 ETF，如 iShares Core U.S. Aggregate Bond

ETF（AGG）。這個 ETF 追蹤美國債券市場，提供了穩定的收益和較低的價格波動。這種策略可能不會帶來高額的回報，但它可以提供穩定的收入，並保護投資者免受市場波動的影響。除此之外，保守型投資者也可考慮如 Vanguard Total Bond Market ETF（BND），iShares iBoxx $ Investment Grade Corporate Bond ETF（LQD）等。這些 ETF 通常是低風險低回報的，並且追蹤的指數是投資級債券或其他低風險資產。

8.8 符合個人的投資理念

流動性是指在不顯著影響其價格的情況下將投資轉換為現金的速度。如果投資者預計需要在短時間內提取個人的投資，個人可能更喜歡流動性高且易於買賣的 ETF。

個人的投資理念是指導個人投資決策的一套信念或原則。它可能基於特定的投資理論，例如價值投資或成長投資，也可能基於個人對市場行為的個人信念。例如，如果個人相信有效市場，個人可能更願意投資基礎廣泛的指數 ETF。如果個人相信某些產業或趨勢的潛力，個人可以選擇特定產業或主題 ETF。

考慮因素

投資目標：你的投資目標是什麼？是追求長期的資本增值，還是需要定期的收入？或者你是希望保護你的投資不受通脹的影響？不同的投資目

標可能會導向不同類型的 ETF。例如，如果你的目標是長期的資本增值，你可能會選擇投資於股票 ETF；如果你需要定期的收入，你可能會選擇投資於債券 ETF 或者具有高股息的股票 ETF。

風險承受能力：你能夠承受多大的風險？這將影響你選擇的 ETF 類型。股票 ETF 的價格波動較大，風險也較高，但可能帶來較高的回報。債券 ETF 的價格波動較小，風險較低，但回報也相對較低。

投資期限：你打算持有 ETF 多久？如果你的投資期限較長，你可能能夠承受短期的價格波動，並選擇可能帶來較高回報的 ETF。如果你的投資期限較短，你可能會選擇價格波動較小的 ETF。

成本：ETF 的費用是一個重要的考慮因素。這包括管理費用、交易費用等。一般來說，指數型 ETF 的費用較低，而主動管理的 ETF 費用較高。

投資理念：你的投資理念是什麼？你是偏好價值投資，還是成長投資？或者你更關注社會責任投資？不同的投資理念可能會導向不同類型的 ETF。例如，價值投資者可能會選擇投資於價值型 ETF，而關注社會責任的投資者可能會選擇投資於 ESG（環境、社會和治理）ETF。

不同性質的 ETF

1. SPDR S&P 500 ETF Trust (SPY)：它跟蹤 S&P 500 指數的表現，這是一個廣泛使用的美國股市基準。SPY 是世界上最大和最老的 ETF，於 1993 年 1 月推出。截至 2023 年 8 月 4 日，它的資產管理規模超過 4170 億美元。SPY 為投資者提供了一個多元化的投資組

合，包括 503 家美國大型上市公司，涵蓋了所有十一個 GICS 產業。SPY 的費用比率很低，只有 0.09%，表示投資每 100 美元的 SPY，每年只需支付 9 美分的費用。SPY 的交易量很高，平均每天有超過 1 億股的成交量，使得它成為一個流動性很強的 ETF。SPY 的目標是盡可能接近 S&P 500 指數的回報，但由於追蹤誤差和費用等因素，它的實際回報可能會與指數有所差異。SPY 的年化回報率自 1993 年以來為 10.32%，高於許多其他類型的投資。

2. Invesco QQQ Trust (QQQ)：它跟蹤納斯達克 100 指數的表現，這是一個包含了美國最大的非金融公司的股票市場基準。QQQ 是世界上最大和最古老的 ETF 之一，於 1999 年 1 月推出。截至 2023 年 8 月 4 日，它的資產管理規模超過 4170 億美元 2。QQQ 為投資者提供了一個多元化的投資組合，包括 503 家納斯達克上市的創新領域的公司，涵蓋了所有十一個 GICS 產業。QQQ 的費用比率很低，只有 0.20%。QQQ 的交易量很高，平均每天有超過 5000 萬股的成交量。QQQ 的目標是盡可能接近納斯達克 100 指數的回報，但由於追蹤誤差和費用等因素，它的實際回報可能會與指數有所差異。QQQ 自 1999 年以來的年化回報率為 12.67%，高於許多其他類型的投資。

3. SPDR Dow Jones Industrial Average ETF Trust (DIA)：它跟蹤道瓊斯工業平均指數的表現，這是一個包含了美國 30 家大型上市公司的

股票市場基準。DIA 是世界上最大和最古老的 ETF 之一，於 1998 年 1 月推出。截至 2023 年 8 月 4 日，它的資產管理規模超過 306 億美元。DIA 為投資者提供了一個多元化的投資組合，包括 503 家在不同產業領域的美國籌公司。DIA 的費用比率很低，只有 0.16%。DIA 的交易量很高，平均每天有超過 1 億股的成交量。DIA 的目標是盡可能接近道瓊斯工業平均指數的回報。DIA 自 1998 年以來的年化回報率為 9.51%。

4. iShares MSCI EAFE ETF(EFA)：它跟蹤 MSCI EAFE 指數的表現，這是一個包含了歐洲、澳洲和遠東地區的發達市場股票的基準。EFA 於 2001 年 8 月推出，截至 2023 年 8 月 4 日，它的資產管理規模超過 700 億美元。EFA 為投資者提供了一個多元化的投資組合，包括 921 家來自 21 個國家的上市公司。EFA 的費用比率為 0.32%。EFA 的交易量很高，平均每天有超過 1 千萬股的成交量。EFA 的目標是盡可能接近 MSCI EAFE 指數的回報。EFA 自 2001 年以來的年化回報率為 5.86%。

5. 新興市場 core ETF-iShares (IEMG)：這是一個追蹤 MSCI 新興市場投資者核心指數的 ETF，MSCI 新興市場投資者核心指數是一個反映全球新興市場股票表現的指數，包含了 27 個國家和 2700 多家公司。IEMG 是世界上最大和最受歡迎的新興市場 ETF 之一，於 2012 年推出，截至 2023 年 8 月 4 日，它的資產管理規模超過 950

億美元。IEMG 的費用比率為 0.09%。EMG ETF 自創建以來的年化回報率為 2.49%，高於其基準指數的 2.46%2。

6. 盈富基金（2800.HK）：這是一個追蹤恒生指數的 ETF，恒生指數是一個廣泛使用的香港股市基準，包含了 50 家在香港上市的大型公司。盈富基金是世界上最大和最老的 ETF 之一，於 1999 年推出，截至 2023 年 8 月 4 日，它的資產管理規模超過 4170 億港元。盈富基金的費用比率為 0.09%。自 1999 年以來的年化回報率為 10.32%，

除了以上的主要指數 ETF，不同行業、產業都有對應的 ETF 推出市場，會在以後章節中詳細提及。

8.9 平衡回報預期和風險

投資總是涉及風險和回報之間的權衡。更高的潛在回報往往伴隨著更高的風險。在設定投資目標時，平衡個人的回報預期和個人願意承擔的風險非常重要。這可能涉及將個人的投資組合分散到不同類型的 ETF 以分散風險。

個人的投資目標並不是一成不變的。由於個人的個人情況、財務狀況或市場狀況的變化，它們可能會隨著時間的推移而發生變化。定期審查和調整個人的投資目標有助於確保個人的 ETF 交易策略繼續符合個人的財務

需求和風險承受能力。

通過了解和定義個人的投資目標，個人可以為個人的 ETF 交易策略制定路線圖。這可以幫助指導個人的投資決策，讓個人更輕鬆地選擇合適的 ETF 並有效管理個人的投資組合。

9 經濟指標和 ETF

9.1 **領先指標**

先行指標是在經濟開始遵循特定模式或趨勢之前發生變化的經濟因素。它們用於預測經濟變化，但並不總是準確的。

國內生產總值（GDP）：GDP 是一個國家內經濟活動的衡量標準。它是市場活動的總體衡量標準，表明一個國家經濟增長或萎縮的速度。追蹤廣泛市場指數的 ETF 可能會受到 GDP 增長趨勢的影響。GDP 作為先行指標，是指在宏觀經濟波動達到高峰或低谷前，超前出現峰或谷的指標，簡單說就是那些會先於生產指標變化的指標，尤其是一些預警指標，如消費者信心指數、採購經理指數、庫存變化和訂單變化等。利用先行指標可以預判短期經濟總體景氣狀況，從而進行預警、監測並制定應對措施。

採購經理人指數 Purchasing Managers' Index（PMI）：一種反映製造業或服務業的生產活動變化的綜合指標，通常由專業機構通過問卷調查的方式獲得。PMI 具有先行指數的特性，可以方便、及時地顯示經濟變化的趨勢和範圍，預測經濟拐點。PMI 取值範圍在 0 至 100% 之間，50% 為擴張與收縮的臨界點；高於 50%，表示經濟活動比上月有所擴張；低於 50%，表示經濟活動比上月有所收縮。例如，2023 年 6 月台灣製造業採購經理人指數

（PMI）已連續 4 個月緊縮，惟緊縮速度大幅趨緩，指數回升 7.0 個百分點至 48.3%。五項組成指標中，新增訂單與生產轉為擴張，人力僱用呈現緊縮，供應商交貨時間下降，存貨緊縮。根據這些數據，我們可以推斷台灣製造業在 2023 年 6 月有所改善，但仍處於收縮階段。

失業率：失業率是指失業者佔勞動力的比率，反映了勞動市場的供求狀況。失業率作為領先指標，意味著它可以提前反映經濟的轉折點，也就是說，當失業率開始下降時，表示經濟可能即將從衰退轉向復甦；當失業率開始上升時，表示經濟可能即將從繁榮轉向衰退。失業率作為領先指標的原因是，失業率受到多種因素的影響，其中一些因素是與經濟活動密切相關的，例如生產、消費、投資、出口等。當這些因素出現變化時，會影響企業對於勞動力的需求和供給，進而影響失業率的變化。由於企業通常會根據自己對於未來市場的預期來調整勞動力規模，因此失業率的變化會先於其他經濟指標的變化，從而成為領先指標。特定產業的 ETF，例如專注於消費品或技術的 ETF，可能會受到失業率變化的影響。

消費者價格指數（CPI）：CPI 領先指標是一種反映未來消費者物價指數（CPI）變化趨勢的指數，它是由多個與 CPI 相關的經濟變數組成的，例如原油價格、匯率、貨幣供應量、股價等。CPI 領先指標的計算方法是將這些變數進行標準化、權重分配和合成，得到一個介於 0 至 100 之間的數值。CPI 領先指標的變化方向與 CPI 的變化方向相同，也就是說，當 CPI 領先指數上升時，表示未來 CPI 可能上升；反之，當 CPI 領先指數下降時，表示未來 CPI 可能下降。

例如，台灣的 CPI 領先指數在 2023 年 6 月為 101.2，比 2023 年 5 月上升 0.4 個百分點。這表示台灣的 CPI 在未來可能有所上升。根據國家發展委員會的分析，台灣的 CPI 領先指數在 2023 年 6 月上升的主要原因是原油價格、股價和貨幣供應量增加。CPI 衡量城市消費者為市場籃子消費品和服務支付的價格隨時間的平均變化。包含國債通脹保值證券 (TIPS) 的 ETF 可能會受到 CPI 數據的影響。

領先指標是市場預期未來經濟走向的重要工具。如果領先指標顯示經濟可能會增長，那麼投資者可能會增加對股票 ETF 的投資，因為他們預期公司利潤將增加，股票價格將上升。

相反，如果領先指標顯示經濟可能會衰退，投資者可能會轉向更為保守的 ETF，如債券 ETF 或黃金 ETF。

領先指標的變化可能會影響投資者的資產配置決策。例如，如果領先指標顯示製造業正在擴張，投資者可能會增加對製造業 ETF 的投資。如果領先指標顯示消費者信心正在下降，投資者可能會減少對消費者類股 ETF 的投資。

領先指標的變化也可能引起市場波動性的變化。例如，如果領先指標出現意外的變化，可能會引發市場的大幅波動，這對 ETF 價格也會產生影響。經濟領先指標是投資者理解市場狀況、制定投資策略的重要工具，對 ETF 市場有著重要影響。然而，需要注意的是，雖然領先指標可以提供有關未來經濟狀況的線索，但它們並不是百分之百準確的，投資者在做出投資決策時還需要考慮其他許多因素。

9.2 滯後指標

滯後指標是指通常在整體經濟發生變化之後發生變化的指標。通常，這些是經濟產出。

企業利潤：企業利潤是一個滯後指標，因為企業在經濟開始復蘇後才開始看到利潤增加。追蹤特定行業或產業的 ETF 可能會受到公司利潤趨勢的影響。企業利潤是衡量公司經濟表現的重要指標。當企業利潤增加時，投資者可能會增加對股票 ETF 的投資，因為他們預期股票價格將上升。反之，如果企業利潤下降，投資者可能會減少對股票 ETF 的投資。

平均失業持續時間：較長的失業持續時間是經濟低迷的跡象。這一滯後指標將影響專注於對勞動力市場狀況敏感的產業的 ETF。平均失業持續時間的增加可能表明找工作變得更困難，這可能是經濟衰退的跡象。這可能導致投資者轉向更保守的 ETF，如債券 ETF 或黃金 ETF。相反，如果平均失業持續時間減少，這可能表明勞動市場正在改善，投資者可能會增加對股票 ETF 的投資。失業時間的長短可能影響消費者的支出能力。如果平均失業持續時間增加，消費者可能會減少支出，這可能對消費者類股 ETF 產生負面影響。相反，如果平均失業持續時間減少，消費者可能會增加支出，這可能對消費者類股 ETF 產生積極影響。

失業率是衡量經濟健康狀況的重要指標。當失業率上升時，投資者可能會轉向更為保守的 ETF，如債券 ETF 或黃金 ETF，因為他們可能擔心經濟可能會衰退。反之，如果失業率下降，投資者可能會增加對股票 ETF 的投資，因為這可能預示著經濟正在改善。政策制定者可能會根據平均失業

持續時間的變化來調整經濟政策，例如調整利率或實施刺激政策，這可能會影響各種 ETF 的價格。

商業和工業貸款：商業和工業貸款的增加通常發生在整體經濟改善之後。包含銀行股的 ETF 可能會受到該經濟指標的影響。工商貸款的增加可能預示著企業正在擴張，這可能對股票 ETF 產生積極影響。反之，如果工商貸款減少，這可能預示著企業可能面臨財務壓力，這可能對股票 ETF 產生負面影響。

滯後指標可以幫助投資者理解經濟的當前狀況，並可以用來確認和評估先前的經濟趨勢和預測。然而，它們並不能預測未來的經濟變化，因此投資者在做出投資決策時還需要考慮其他許多因素

9.3 同步指標

同步指標與整個經濟幾乎同時變化，從而提供有關經濟當前狀況的信息。

個人收入：個人收入水平通常是一個一致的指標，因為當經濟表現良好時，個人收入水平往往會增加，而當經濟衰退時，個人收入水平往往會下降。追蹤非必需消費品產業的 ETF 可能會受到個人收入趨勢的影響。個人收入水平是經濟健康狀況的重要指標。當經濟表現良好時，個人收入水平往往會增加，這可能會導致消費者支出增加，對消費者類股 ETF 產生積極影響。反之，當經濟衰退時，個人收入水平往往會下降，消費者可能會減少支出，這可能對消費者類股 ETF 產生負面影響。

對經濟指標敏感的 ETF

消費者非必需品：XLY (The Consumer Discretionary Select Sector SPDR® Fund) 追蹤消費者非必需品產業的表現，因此可能會受到個人收入變化的影響。例如，如果個人收入增加，消費者可能會增加對非必需品的支出，這可能導致 XLY 的價格上升。

工業生產和製造業：經濟工業產業的生產水平通常是當前經濟狀況的良好指標。追踪工業產業的 ETF 可能會受到這些趨勢的影響。工業生產和製造業的表現通常與經濟狀況緊密相關。當工業生產增加時，可能預示著經濟正在擴張，這可能對追蹤工業產業的 ETF 產生積極影響。反之，如果工業生產下降，可能預示著經濟可能會衰退，這可能對追蹤工業產業的 ETF 產生負面影響。

XLI (The Industrial Select Sector SPDR® Fund) 追蹤工業產業的表現，因此可能會受到工業生產和製造業的影響。例如，如果工業生產增加，XLI 的價格可能會上升。

零售銷售：零售銷售水平可以反映消費者情緒和購買力。追蹤非必需消費品產業的 ETF 可能會受到零售銷售數據的影響。零售銷售水平是衡量消費者信心和購買力的重要指標。當零售銷售增加時，可能預示著消費者信心強勁，對消費者類股 ETF 可能產生積極影響。反之，如果零售銷售下降，可能預示著消費者信心薄弱，對消費者類股 ETF 可能產生負面影響。

XRT (SPDR® S&P® Retail ETF)：這個 ETF 追蹤零售產業的表現，因此可能會受到零售銷售數據的影響。例如，如果零售銷售增加，可能預示著消

費者信心強勁，XRT 的價格可能會上升。

　　了解經濟指標以及它們如何影響不同的 ETF 是 ETF 交易基本面分析的重要組成部分。通過密切關注這些指標，投資者可以在任何特定時間就購買或出售哪些 ETF 做出明智的決定。

9.4 經濟因素

　　經濟因素會對產業產生重大影響。這些因素會影響這些產業內公司的業績，進而影響追蹤這些產業的 ETF。

ETF 交易應考慮的關鍵經濟因素

　　利率：中央銀行（例如美國聯邦儲備委員會）設定的利率可以對各個產業產生重大影響。例如，當利率較低時，房地產等產業往往表現良好，因為較低的抵押貸款利率使消費者買房更便宜。另一方面，金融產業，尤其是銀行，可能會因低利率而苦苦掙扎，因為它們擠壓了淨息差，而淨息差是盈利的關鍵來源。

示例：

　　考慮追踪房地產產業的 ETF，例如房地產精選產業 SPDR 基金 (XLRE)。如果美聯儲決定降低利率，可能會導致房屋銷售增加，這可能有利於房地產公司，進而有利於 XLRE。

　　通貨膨脹：通貨膨脹是商品和服務價格總體水平上漲的速度，也會以

各種方式影響不同的產業。例如，高通脹可能對能源產業有利，因為隨著價格上漲，石油和其他大宗商品的價格也會上漲。然而，高通脹可能對非必需消費品等產業不利，因為價格上漲可能導致消費者支出減少。

示例：

考慮追踪能源產業的 ETF，例如能源精選產業 SPDR 基金 (XLE)。

如果通貨膨脹率上升，石油和其他大宗商品的價格可能會上漲，

從而可能導致能源公司利潤增加並提振 XLE。

GDP 增長：國內生產總值（GDP）增長是另一個重要的經濟因素。GDP 強勁增長通常表明經濟健康，這對廣泛的產業有利。然而，某些產業可能比其他產業受益更多。例如，工業產業通常在 GDP 高增長時期表現良好，因為經濟活動的增加可能導致對工業產品的需求增加。

示例：

考慮追踪工業產業的 ETF，例如工業精選產業 SPDR 基金 (XLI)。

如果 GDP 增長強勁，則可能表明對工業品的需求增加，從而有可

能提振 XLI 的業績。

失業率：失業率衡量積極尋找工作的人數佔勞動力的百分比。高失業率可能對非必需消費品產業尤其不利，因為失業者可能會削減非必要支出。

示例：

考慮追踪非必需消費品產業的 ETF，例如非必需消費品精選產業

SPDR 基金 (XLY)。如果失業率上升，人們可能會削減非必要支出，從而可能損害 XLY 的業績。

關注 Federal Open Market Committee (FOMC)

美國中央銀行美聯儲負責制定利率，聯邦公開市場委員會 (FOMC) 會議期間經常討論利率前景。聯邦公開市場委員會 (FOMC) 每年定期舉行八次會議，並根據需要舉行其他會議。這些會議的紀要在政策決定之日三週後發布。

2023 年 7 月 27 日，FOMC 所有委員一致同意「升息 1 碼」，將利率區間上升至 5.25%-5.50%，這是本輪升息循環第 11 次升息。會議紀要提供了對影響貨幣政策（包括利率）決策的經濟狀況和金融發展的見解。有關美國利率前景的最準確和最新信息，建議關注美聯儲的公告和出版物，尤其是聯邦公開市場委員會 (FOMC) 會議紀要。

利率是影響 ETF 價格和報酬的重要因素，不同類型的 ETF 對利率變化的反應也不同。一般來説，利率和債券價格呈現反向關係，當利率上升時，債券價格會下跌，反之亦然。

債券 ETF 投資的是債券，債券除了提供固定的利息外，也會有資本利得（價差），因為債券也可以在市場上交易，而債券的價格與市場利率的方向是反向的。

債券有票面利率，作為配息的基準，票面利率是依照債券發行當時的利率水準而定。之後當央行連續升息或降息，引導市場利率上揚或下降，

債券價格也會受影響。

　　當利率下跌，先發行的債券因為有較高的票面利率吸引人，債券價格會上漲；反之，當利率上揚，先發行的債券票面利率不如後發行的債券，則債券價格會下跌。所以一個簡單的原則是在升息的階段減碼債券，降息的階段則加碼債券。因此，投資債券 ETF 的人需要注意利率變化的風險，並適時調整投資策略。

　　利率和股票價格的關係較為複雜，可能受到經濟成長、企業盈利、市場預期等多種因素的影響。一般而言，利率上升對股票市場是不利的，因為它會增加企業的融資成本和折現率，降低企業的價值和吸引力。然而，如果利率上升是因為經濟景氣好轉，則可能對股票市場有正面的影響。因此，投資股票 ETF 的人需要考慮不同產業和地區的特性，並分散投資風險。

10 行業及產業分析

行業和產業分析是 ETF 交易的一個重要方面。它涉及評估影響特定竹行業和產業的經濟和金融因素。該分析可以幫助交易者確定哪些產業可能跑贏大盤或跑輸大盤,為 ETF 選擇提供寶貴的見解。

10.1 了解行業和產業

選擇投資產業 ETF 的時機是一個複雜的問題,涉及多種因素。

以下是一些建議的策略和考慮因素,以幫助投資者確定投資產業 ETF 的最佳時機:

宏觀經濟分析:考慮全球和地區的經濟狀況。某些產業在經濟擴張期間可能會表現得比較好,而其他產業則可能在經濟衰退期間抗跌力較好。

產業趨勢:評估特定產業的長期和短期趨勢。例如,技術、再生能源或健康護理產業可能受益於長期的結構性趨勢。

季節性和周期性:某些產業可能受到季節性或周期性因素的影響。例如,零售產業可能在假期季節期間表現得比較好,而原材料和能源產業則可能受到經濟周期的影響。

政策和法規:政府的政策和法規變化可能對特定行業產生重大影響。

例如,政府對再生能源的補貼或對煤炭產業的限制可能會影響相關行業的 ETF。

技術創新:技術進步和創新可能會改變產業的競爭格局。投資者應該關注可能對產業產生破壞性影響的新技術。

價格和估值:考慮產業的當前估值。使用價益比、價值到銷售比或其他估值指標來評估產業是否被高估或低估。

技術分析:使用技術指標和圖表模式來確定入場和退出的時機。例如,當產業 ETF 突破重要的技術支撐或阻力位時,可能是一個交易信號。

風險管理:在考慮投資時機之前,確定您的風險承受能力和投資目標。設定停損點和目標價格,以管理潛在的損失和利潤。

選擇投資產業 ETF 的時機需要綜合考慮多種因素。投資者應該進行深入的研究和分析,並根據自己的投資策略和風險承受能力做出決策。進一步說,行業是從事同一業務的公司集團,而產業是更大的產業集團。例如,科技產業包括軟件、硬件和互聯網服務等行業。ETF 通常專注於特定行業或產業,使投資者能夠投資市場的特定部分。

10.2 產業 ETF

產業 ETF 是把持股限制在某一特定產業或市場,投資於某一特定領域,如科技、醫療、能源、金融、消費品和服務等。

10.2.1 科技產業

通常投資於科技公司的股票,涵蓋從大型科技巨頭到新興的科技初創

公司。以下是有關科技產業 ETF 的一些基本信息和考慮因素：

多元化：科技產業 ETF 提供了一種簡單的方式來獲得科技產業的廣泛曝光，而無需單獨購買每家公司的股票。

靈活性：與股票一樣，ETF 可以在交易日的任何時間購買和出售。

成本效益：多數科技產業 ETF 的費用比率相對較低，尤其是當與互助基金相比時。

投資策略：科技產業 ETF 提供了多種投資策略，從追踪大型科技公司到專注於特定子產業或新興市場的科技公司。

 需要考慮的因素：

市場波動性：科技股票可能比其他產業更加波動，這可能會影響 ETF 的價格。

估值：科技產業的估值有時可能會變得相對較高，這可能增加了投資的風險。

技術變革：科技產業經常面臨技術變革和創新，這可能會迅速改變產業的競爭格局。

法規風險：科技公司可能會受到政府監管和法規的影響，尤其是在數據隱私和反壟斷問題上。

科技產業 ETF 例子

1. Technology Select Sector SPDR Fund (XLK)：這是一個追踪 S&P 500 科技產業的 ETF。

2. Vanguard Information Technology ETF(VGT)：這個 ETF 追踪 MSCI US Investable Market Information Technology 25／50 Index。

3. iShares U.S. Technology ETF(IYW)：這個 ETF 追踪 Dow Jones U.S. Technology Index。

10.2.2 公用事業產業

公用事業產業 ETF 是追踪公用事業產業表現的投資工具。這些 ETF 主要投資於提供水、電、天然氣和其他基本服務的公司。以下是有關公用事業產業 ETF 的一些基本信息和考慮因素：

穩定性：公用事業通常被視為防禦性的投資，因為無論經濟狀況如何，人們都需要基本的公共服務。

收入：許多公用事業公司支付穩定的股息，使得相關的 ETF 成為尋求收入的投資者的受歡迎選擇。

多元化：公用事業 ETF 提供了一種獲得該產業多家公司曝光的方式，減少了單一公司風險。

對抗通脹：由於公用事業公司可以在成本上升時提高價格，這些公司（以及相關的 ETF）有時被視為對抗通脹的工具。

需要考慮的因素：

利率風險：公用事業公司通常有高債務，因此當利率上升時，其資金成本可能會增加，影響其盈利能力和股價。

法規風險：公用事業產業受到嚴格的政府監管，任何法規變化都可能影響產業的盈利能力。

技術和競爭：隨著可再生能源和技術的發展，傳統公用事業公司可能面臨來自新進者的競爭。

公用事業產業 ETF

1. Utilities Select Sector SPDR Fund(XLU)：這是一個追蹤 S&P 500 公用事業產業的 ETF。

2. Vanguard Utilities ETF(VPU)：這個 ETF 追蹤 MSCI US Investable Market Utilities 2550 Index。

3. iShares U.S. Utilities ETF(IDU)：這個 ETF 追蹤 Dow Jones U.S. Utilities Index。

10.2.3 非必需消費品產業

非必需消費品產業，也稱為消費者可選擇性產業，涵蓋了那些提供非必需商品和服務的公司。這些商品和服務包括奢侈品、休閒活動、娛樂和其他非基本消費品。

非必需消費品產業 ETF

非必需消費品精選產業 SPDR 基金 (XLY) 旨在提供與非必需消費品精

選產業指數表現相對應的投資結果。該指數包括標準普爾 500 指數非必需消費品產業的公司，其中包括汽車、家用耐用品、紡織品、服裝、休閒設備、酒店、餐館、媒體和零售等產業。截至最新更新，XLY 表現強勁，1 年回報率為 18.01%，5 年回報率為 9.38%，10 年回報率為 13.03%。

10.2.4 必需消費品產業

必需消費品產業 ETF 是投資於必需消費品產業的交易所交易基金，它可以讓投資者分散風險，降低成本，並享受市場的長期增長。必需消費品產業是指一般人不管景氣好壞都會消費的產業，例如食品、飲料、家庭用品、個人護理等。必需消費品產業的特點是盈餘表現相對穩定、受景氣好壞影響較小，因此股價和大盤相比會較平穩，但也有持股集中、成長潛力有限等缺點。目前市場上有多種必需消費品產業 ETF 可供選擇，各有不同的追蹤指數、成分股、費用、收益等特性。

必需消費品產業 ETF

1. XLP：這是由 SPDR 公司發行的必需消費品 ETF，成立於 1998 年，是目前規模最大、歷史悠久的必需消費品 ETF 之一。

XLP 追蹤 Consumer Staples Select Sector Index，採用市值加權法，每季調整一次權重。XLP 的內扣費用率為 0.10%，配息頻率為季配息。

XLP 的前五大成分股為寶潔 P&G、可口可樂、百事公司、好市多、沃爾瑪，佔整個 ETF 權重接近 50%。

2. FSTA：這是由富達公司發行的必需消費品 ETF，成立於 2013 年，是目前規模第二大的必需消費品 ETF 之一。

FSTA 追蹤 MSCI USA IMI Consumer Staples Index，採用市值加權法，每季調整一次權重。FSTA 的內扣費用率為 0.08%，配息頻率為季配息。

FSTA 的前五大成分股為寶潔 P&G、可口可樂、百事公司、好市多、沃爾瑪，佔整個 ETF 權重約 40%。

3. VDC：這是由 Vanguard 公司發行的必需消費品 ETF，成立於 2004 年，是目前規模第三大的必需消費品 ETF 之一。

VDC 追蹤 MSCI US Investable Market Consumer Staples 25/50 Index，採用市值加權法，每季調整一次權重。

VDC 的內扣費用率為 0.10%，配息頻率為季配息。VDC 的前五大成分股為寶潔 P&G、可口可樂、百事公司、好市多、沃爾瑪，佔整個 ETF 權重約 40%。

　　必需消費品精選產業 SPDR 基金（XLP）旨在提供與必需消費品精選產業指數表現相對應的投資結果。該指數包括標準普爾 500 指數消費必需品產業的公司，其中包括食品、飲料和家用產品等產業。

　　截至最新更新，XLP 的 1 年回報率為 5.94%，5 年回報率為 10.32%，10 年回報率為 9.35%。

10.2.5 能源產業

能源產業 ETF 是一種投資於能源產業的交易所交易基金，它可以讓投資者分散風險，降低成本，並享受市場的長期增長。能源產業是指從事石油、天然氣、煤炭、核能、可再生能源等能源開採、生產、傳輸、供應和服務的產業。能源產業的特點是受到供需、政策、環境等因素的影響，具有高度的波動性和不確定性，但也有巨大的成長潛力和投資機會。

能源產業 ETF

1. XLE：這是由 SPDR 公司發行的能源 ETF，成立於 1998 年，是目前規模最大、歷史悠久的能源 ETF 之一。XLE 追蹤 Energy Select Sector Index，採用市值加權法，每季調整一次權重。XLE 的內扣費用率為 0.12%，配息頻率為季配息。XLE 的前五大成分股為埃克森美孚、雪佛龍、康菲石油、先進能源產業和斯倫貝謝，佔整個 ETF 權重接近 50%。

2. FENY：這是由富達公司發行的能源 ETF，成立於 2013 年，是目前規模第二大的能源 ETF 之一。FENY 追蹤 MSCI USA IMI Energy Index，採用市值加權法，每季調整一次權重。FENY 的內扣費用率為 0.08%，配息頻率為季配息。FENY 的前五大成分股為埃克森美孚、雪佛龍、康菲石油、先進能源產業和斯斯倫貝謝，佔整個 ETF 權重約 40%。

3. VDE：這是由 Vanguard 公司發行的能源 ETF，成立於 2004 年，是目前規模第三大的能源 ETF 之一。VDE 追蹤 MSCI US Investable Market Energy 25/50 Index，採用市值加權法，每季調整一次權重。VDE 的內扣費用率為 0.10%，配息頻率為季配息。VDE 的前五大成分股為埃克森美孚、雪佛龍、康菲石油、先進能源產業和斯斯倫貝謝，佔整個 ETF 權重約 40%。

能源精選產業 SPDR 基金 (XLE) 是追踪能源精選產業指數的 ETF。該指數衡量能源領域上市公司的業績，包括從事石油、天然氣及其他能源相關產品和服務的勘探、生產和分銷的公司。截至最新更新，XLE 的 1 年回報率為 14.01%，5 年回報率為 5.59%，10 年回報率為 3.73%。

10.2.6 醫療保健產業

醫療保健產業 ETF 是一種投資於醫療保健產業的交易所交易基金，它可以讓投資者分散風險，降低成本，並享受市場的長期增長。醫療保健產業是指從事醫療服務、醫藥開發、醫療設備、醫療保險等相關活動的產業。醫療保健產業的特點是具有高度的創新性和競爭力，受到人口老化、科技進步、政策變化等因素的驅動，具有巨大的成長潛力和投資機會。

醫療保健產業 ETF

1. XLV：這是由 SPDR 公司發行的醫療保健 ETF，成立於 1998 年，是目前規模最大、歷史悠久的醫療保健 ETF 之一。XLV 追蹤 Health

Care Select Sector Index，採用市值加權法，每季調整一次權重。XLV 的內扣費用率為 0.10%，配息頻率為季配息。XLV 的前五大成分股為強生 JNJ、聯合健康 UNH、默克 MRK、輝瑞 PFE 和阿伯特 ABT，佔整個 ETF 權重接近 40%3。

2. VHT：這是由 Vanguard 公司發行的醫療保健 ETF，成立於 2004 年，是目前規模第二大的醫療保健 ETF 之一。VHT 追蹤 MSCI US Investable Market Health Care 25 ／ 50 Index，採用市值加權法，每季調整一次權重。VHT 的內扣費用率為 0.10%，配息頻率為季配息。VHT 的前五大成分股為強生 JNJ、聯合健康 UNH、默克 MRK、輝瑞 PFE 和阿伯特 ABT，佔整個 ETF 權重約 40%。

3. IBB：這是由 iShares 公司發行的生物科技 ETF，成立於 2001 年，是目前規模最大、歷史最長的生物科技 ETF 之一。IBB 追蹤 NASDAQ Biotechnology Index，採用市值加權法，每季調整一次權重。IBB 的內扣費用率為 0.46%，配息頻率為季配息。IBB 的前五大成分股為莫德納 MRNA、阿斯利康 AZN、安捷倫 A、吉利德 GILD 和阿姆金 AMGN，佔整個 ETF 權重約 30%。

10.2.7 通信服務產業

通信服務產業 ETF 是一種投資於通信服務產業的交易所交易基金，它可以讓投資者分散風險，降低成本，並享受市場的長期增長。通信服務產

業是指從事廣告、娛樂、社交媒體、電信等相關活動的產業。通信服務產業的特點是具有高度的創新性和競爭力，受到科技進步、消費需求、政策變化等因素的驅動，具有巨大的成長潛力和投資機會。

根據資料，目前市場上有多種通信服務產業 ETF 可供選擇，它們各有不同的追蹤指數、成分股、費用、收益等特性。

通信服務產業 ETF

1. XLC：這是由 SPDR 公司發行的通信服務 ETF，成立於 2018 年，是目前規模最大、歷史最長的通信服務 ETF 之一。XLC 追蹤 Communication Services Select Sector Index，採用市值加權法，每季調整一次權重。XLC 的內扣費用率為 0.12%，配息頻率為季配息。XLC 的前五大成分股為臉書 Facebook（NASDAQ：FB）、谷歌 Google（NASDAQ：GOOG）、迪士尼 Disney（NYSE：DIS）、Netflix（NASDAQ：NFLX）和威訊 Verizon（NYSE：VZ），佔整個 ETF 權重接近 50%。

2. VOX：這是由 Vanguard 公司發行的通信服務 ETF，成立於 2004 年，是目前規模第二大的通信服務 ETF 之一。VOX 追蹤 MSCI US Investable Market Communication Services 25／50 Index，採用市值加權法，每季調整一次權重。VOX 的內扣費用率為 0.10%，配息頻率為季配息。VOX 的前五大成分股為臉書 Facebook（NASDAQ：

FB）、谷歌 Google（NASDAQ：GOOG）、威訊 Verizon（NYSE：VZ）、AT&T（NYSE：T）和 Netflix（NASDAQ：NFLX），佔整個 ETF 權重約 40%。

3. IXP：這是由 iShares 公司發行的全球電信 ETF，成立於 2001 年，是目前規模最大、歷史最長的全球電信 ETF 之一。IXP 追蹤 S&P Global 1200 Telecommunication Services Sector Index，採用市值加權法，每季調整一次權重。IXP 的內扣費用率為 0.46%，配息頻率為季配息。IXP 的前五大成分股為威訊 Verizon（NYSE：VZ）、AT&T（NYSE：T）、日本電信 NTT（NYSE：NTT）、中國移動 China Mobile（NYSE：CHL）和西班牙電信 Telefonica（NYSE：TEF），佔整個 ETF 權重約 40%。

10.3 工業產業

工業產業 ETF 是一種投資於工業產業的交易所交易基金，它可以讓投資者分散風險，降低成本，並享受市場的長期增長。工業產業是指從事航空航天，軍工，機械，土建，制造業等相關活動的產業。工業產業的特點是受到經濟景氣，基礎設施建設，技術創新等因素的影響，具有高度的波動性和成長潛力。

根據資料，目前市場上有多種工業產業 ETF 可供選擇，它們各有不同的追蹤指數、成分股、費用、收益等特性。

工業產業 ETF

1. XLI：這是由 SPDR 公司發行的工業 ETF，成立於 1998 年，是目前規模最大、歷史悠久的工業 ETF 之一。XLI 追蹤 Industrial Select Sector Index，採用市值加權法，每季調整一次權重。XLI 的內扣費用率為 0.12%，配息頻率為季配息。XLI 的前五大成分股為波音 Boeing（NYSE：BA）、通用電氣 GE（NYSE：GE）、霍尼韋爾 Honeywell（NYSE：HON）、聯合技術 United Technologies（NYSE：UTX）和 3M（NYSE：MMM），佔整個 ETF 權重接近 30%3。

2. VIS：這是由 Vanguard 公司發行的工業 ETF，成立於 2004 年，是目前規模第二大的工業 ETF 之一。VIS 追蹤 MSCI US Investable Market Industrials 25 ／ 50 Index，採用市值加權法，每季調整一次權重。VIS 的內扣費用率為 0.10%，配息頻率為季配息。VIS 的前五大成分股為波音 Boeing（NYSE：BA）、通用電氣 GE（NYSE：GE）、霍尼韋爾 Honeywell（NYSE：HON）、聯合技術 United Technologies（NYSE：UTX）和 3M（NYSE：MMM），佔整個 ETF 權重約 30%。

3. IYT：這是由 iShares 公司發行的交通運輸 ETF，成立於 2003 年，是目前規模最大、歷史最長的交通運輸 ETF 之一。IYT 追蹤 Dow Jones Transportation Average Index，採用價值加權法，每季調整一次

權重。IYT 的內扣費用率為 0.42%，配息頻率為季配息。IYT 的前五大成分股為聯合包裹 UPS（NYSE：UPS）、聯邦快遞 FedEx（NYSE：FDX）、挪威郵輪 Norwegian Cruise Line（NASDAQ：NCLH）、美國航空 American Airlines（NASDAQ：AAL）和西南航空 Southwest Airlines（NYSE：LUV），佔整個 ETF 權重約 40%。

10.3.1 材料產業

材料產業 ETF 是一種投資於材料產業的交易所交易基金，它可以讓投資者分散風險，降低成本，並享受市場的長期增長。材料產業是指從事新材料發現，開採，煉製，化工，林業等相關活動的產業 1。這些公司在供應鏈的上游，他們的收入和利潤很容易受到商業周期變化和大宗商品價格波動的影響。

根據資料，目前市場上有多種材料產業 ETF 可供選擇，它們各有不同的追蹤指數、成分股、費用、收益等特性。

材料產業 ETF

1. XLB：這是由 SPDR 公司發行的材料 ETF，成立於 1998 年，是目前規模最大、歷史悠久的材料 ETF 之一。XLB 追蹤 Materials Select Sector Index，採用市值加權法，每季調整一次權重。XLB 的內扣費用率為 0.12%，配息頻率為季配息。XLB 的前五大成分股為林巴赫 Linde（NYSE：LIN）、道氏 DuPont（NYSE：DD）、艾伯特 Abbott（NYSE：

ABT）、舍曼威廉斯 Sherwin-Williams（NYSE：SHW）和空氣產品公司 Air Products（NYSE：APD），佔整個 ETF 權重接近 40%3。

2. VAW：這是由 Vanguard 公司發行的材料 ETF，成立於 2004 年，是目前規模第二大的材料 ETF 之一。VAW 追蹤 MSCI US Investable Market Materials 25／50 Index，採用市值加權法，每季調整一次權重。VAW 的內扣費用率為 0.10%，配息頻率為季配息。VAW 的前五大成分股為林巴赫 Linde（NYSE：LIN）、道氏 DuPont（NYSE：DD）、艾伯特 Abbott（NYSE：ABT）、舍曼威廉斯 Sherwin-Williams（NYSE：SHW）和空氣產品公司 Air Products（NYSE：APD），佔整個 ETF 權重約 40%。

3. MXI：這是由 iShares 公司發行的全球材料 ETF，成立於 2006 年，是目前規模最大、歷史最長的全球材料 ETF 之一。MXI 追蹤 S&P Global 1200 Materials Sector Index，採用市值加權法，每季調整一次權重。MXI 的內扣費用率為 0.46%，配息頻率為季配息。MXI 的前五大成分股為林巴赫 Linde（NYSE：LIN）、巴斯夫 BASF（OTC：BASFY）、里奧礦 Rio Tinto（NYSE：RIO）、空氣液體 Air Liquide（OTC：AIQUY）和拜耳 Bayer（OTC：BAYRY），佔整個 ETF 權重約 30%。

10.3.2 房地產產業

房地產 ETF 投資於房地產相關的股票、債券或其他資產，以追蹤房地產市

場的表現。房地產 ETF 可以讓投資者分散風險,獲得穩定的收益,並享受房地產增值的潛力。房地產 ETF 的種類很多,有些專注於特定的地區、國家或城市,有些則涵蓋全球的房地產市場。房地產 ETF 的投資對象也有不同,有些主要投資於房地產投資信託(REITs),有些則投資於房屋建築商、開發商或其他房地產相關的公司。

房地產產業 ETF

1. VNQ:最大規模的房地產 ETF。這個 ETF 追蹤摩根士丹利資本國際房地產指數,該指數包含了美國市場上約 99% 的房地產投資信託(REITs)。這個 ETF 的總資產規模為約 1,000 億美元,其持有的房地產項目包括辦公大樓、飯店、住宅、零售商場等。這個 ETF 的年化收益率為 3.87%,其年化波動率為 19.86%。

2. IYR :這是一個追蹤道瓊斯美國房地產指數的 ETF,該指數包含了美國市場上約 80% 的房地產投資信託(REITs)。這個 ETF 的總資產規模為約 50 億美元,其持有的房地產項目包括商業、住宅、零售、醫療等。這個 ETF 的年化收益率為 3.67%,其年化波動率為 20.77%2。

3. XLRE :這是一個追蹤道瓊斯 S&P 500 房地產指數的 ETF,該指數包含了 S&P 500 指數中的房地產相關公司。這個 ETF 的總資產規模為約 30 億美元,其持有的房地產項目包括辦公大樓、住宅、倉儲等。這個 ETF 的年化收益率為 3.32%,其年化波動率為 18.83%。

10.3.3 金融產業

　　金融產業 ETF 是投資於金融產業的交易所交易基金，金融產業指從事銀行，保險，證券，信託，租賃等相關活動的產業。金融產業的特點是受到經濟景氣，利率變化，政策法規等因素的影響，具有高度的波動性和成長潛力。

　　根據資料，目前市場上有多種金融產業 ETF 可供選擇，它們各有不同的追蹤指數、成分股、費用、收益等特性。

金融產業 ETF

　　1. XLF：這是由 SPDR 公司發行的金融 ETF，成立於 1998 年，是目前規模最大、歷史悠久的金融 ETF 之一。XLF 追蹤 Financial Select Sector Index，採用市值加權法，每季調整一次權重。XLF 的內扣費用率為 0.12%，配息頻率為季配息。XLF 的前五大成分股為摩根大通 JPMorgan Chase（NYSE：JPM）、美國銀行 Bank of America（NYSE：BAC）、富國銀行 Wells Fargo（NYSE：WFC）、花旗集團 Citigroup（NYSE：C）和伯克希爾哈撒韋 Berkshire Hathaway（NYSE：BRK.B），佔整個 ETF 權重接近 40%3。

　　2. VFH：這是由 Vanguard 公司發行的金融 ETF，成立於 2004 年，是目前規模第二大的金融 ETF 之一。VFH 追蹤 MSCI US Investable Market Financials 25／50 Index，採用市值加權法，每季調整一

次權重。VFH 的內扣費用率為 0.10%，配息頻率為季配息。VFH 的前五大成分股為摩根大通 JPMorgan Chase（NYSE：JPM）、美國銀行 Bank of America（NYSE：BAC）、富國銀行 Wells Fargo（NYSE：WFC）、花旗集團 Citigroup（NYSE：C）和伯克希爾哈撒韋 Berkshire Hathaway（NYSE：BRK.B），佔整個 ETF 權重約 30%。

3. IYF：這是由 iShares 公司發行的美國金融 ETF，成立於 2000 年，是目前規模最大、歷史最長的美國金融 ETF 之一。IYF 追蹤 Dow Jones U.S. Financials Index，採用價值加權法，每季調整一次權重。IYF 的內扣費用率為 0.42%，配息頻率為季配息。IYF 的前五大成分股為摩根大通 JPMorgan Chase（NYSE：JPM）、美國銀行 Bank of America（NYSE：BAC）、富國銀行 Wells Fargo（NYSE：WFC）、花旗集團 Citigroup（NYSE：C）和伯克希爾哈撒韋 Berkshire Hathaway（NYSE：BRK.B），佔整個 ETF 權重約 30%。

10.3.4 軍工產業

軍工產業 ETF 是投資於軍工產業的交易所交易基金。軍工產業是指從事航空航天，軍工，機械，土建，制造業等相關活動的產業。軍工產業的特點是受到地緣政治，國防預算，技術創新等因素的影響，具有高度的波動性和成長潛力。

根據資料，目前市場上有多種軍工產業 ETF 可供選擇，它們各有不同

的追蹤指數、成分股、費用、收益等特性。

軍工產業 ETF

1. ITA：這是由 iShares 公司發行的美國航空航天與國防 ETF，成立於 2006 年，是目前規模最大、歷史最長的美國航空航天與國防 ETF 之一。ITA 追蹤 Dow Jones U.S. Select Aerospace & Defense Index，採用價值加權法，每季調整一次權重。ITA 的內扣費用率為 0.42%，配息頻率為季配息。ITA 的前五大成分股為波音 Boeing（NYSE：BA）、洛克希德・馬丁 Lockheed Martin（NYSE：LMT）、雷神 Raytheon（NYSE：RTN）、北約格魯曼 Northrop Grumman（NYSE：NOC）和聯合技術 United Technologies（NYSE：UTX），佔整個 ETF 權重接近 40%。

2. PPA：這是由 Invesco 公司發行的航空航天與國防 ETF，成立於 2005 年，是目前規模第二大的航空航天與國防 ETF 之一。PPA 追蹤 SPDR S&P Aerospace & Defense ETF Index，採用市值加權法，每季調整一次權重。PPA 的內扣費用率為 0.60%，配息頻率為季配息。PPA 的前五大成分股為波音 Boeing（NYSE：BA）、洛克希德・馬丁 Lockheed Martin（NYSE：LMT）、雷神 Raytheon（NYSE：RTN）、北約格魯曼 Northrop Grumman（NYSE：NOC）和聯合技術 United Technologies（NYSE：UTX），佔整個 ETF 權重約 30%。

3. XAR：這是由 SPDR 公司發行的 S&P 航空航天與國防 ETF，成立於 2011 年，是目前規模第三大的 S&P 航空航天與國防 ETF 之一。XAR 追蹤 S&P Aerospace & Defense Select Industry Index，採用等權重法，每季調整一次權重。XAR 的內扣費用率為 0.35%，配息頻率為季配息。XAR 的前五大成分股為特里昂 Trexon（NASDAQ：TCON）、海科斯 Heico（NYSE：HEI）、奧比特科技 Orbital ATK（NYSE：OA）、庫爾斯 Kulicke and Soffa（NASDAQ：KLIC）和奧斯特科姆 Oshkosh（NYSE：OSK），佔整個 ETF 權重約 10%。

了解不同的產業和產業可以幫助投資者根據個人投資目標和風險承受能力做出更明智的決定投資哪些 ETF。每個產業 ETF 都提供對特定經濟產業的投資，使投資者能夠根據自己的具體投資目標和風險承受能力定制投資組合。在投資任何產業 ETF 之前，進行徹底的研究和分析非常重要。

11 股息、收益和 ETF

11.1 股息考慮

股息是公司收益中分配給股東的一部分。就 ETF 而言,股息通常從標的股票中收取,然後分配給 ETF 股東。這些股息可以成為投資者的重要收入來源,尤其是那些為收入或退休而投資的投資者。

有關股息和 ETF 需要考慮的要點:

股息率:ETF 的股息率是年度股息支付額除以 ETF 的價格。該收益率讓投資者了解他們預期從 ETF 相對於其價格獲得的收入。較高的股息收益率對注重收入的投資者俱有吸引力。

股息頻率:ETF 可以以不同的頻率分配股息——每月、每季度、每半年或每年。股息支付的頻率會影響投資者的現金流和投資策略。例如,退休人員可能更喜歡每月支付股息以獲得定期收入的 ETF。

股息再投資:一些 ETF 提供股息再投資計劃(DRIP)。這使得投資者可以自動將股息重新投資回 ETF,購買更多股票,從而隨著時間的推移實現複合回報。

派息 ETF 與不派息 ETF:並非所有 ETF 都派息。一些 ETF,特別是追蹤成長型股票或科技等某些產業的 ETF,可能根本不支付股息。相反,這

些 ETF 旨在通過資本增值（ETF 價格隨著時間的推移而上漲）來提供回報。

稅務考慮：股息可能會產生稅務影響。在許多司法管轄區，股息的徵稅方式與資本利得的徵稅方式不同。投資者在投資派息 ETF 時應考慮其個人稅務情況。

示例：

1. Vanguard 高股息收益率 ETF(VYM)：該 ETF 追踪富時高股息收益率指數，該指數衡量以高股息收益率為特徵的公司普通股的投資回報。截至最新更新，VYM 的股息收益率為 3.07%。這意味著，每投資 VYM 10,000 美元，投資者預計在一年內可以獲得約 307 美元的股息（假設股息收益率保持不變）。該 ETF 每季度分配股息並提供 DRIP，允許投資者自動將股息再投資，隨著時間的推移可能會提高回報。

2. 嘉信美國股息股票 ETF(SCHD)：SCHD 是一款追踪道瓊斯美國股息 100 指數投資結果的 ETF，該指數衡量高股息收益率股票的表現。截至最新更新，SCHD 的股息率為 5.41%，每投資 10,000 美元到 SCHD，投資者預計在一年內可以獲得約 541 美元的股息（假設股息收益率保持不變）。該 ETF 每季度分配股息。

3. Invesco S&P 500 高股息低波動性 ETF(SPHD)：SPHD 是一款追踪

標普低波動高股息指數投資結果的 ETF，旨在衡量標普 500 指數中波動性低於整體市場的高股息收益率股票的表現。截至最新更新，SPHD 的股息率為 6.47%。這意味著，每投資 SPHD 10,000 美元，投資者預計在一年內可以獲得約 647 美元的股息（假設股息收益率保持不變）。該 ETF 每月分配股息。

4. Invesco QQQ Trust（QQQ）：QQQ 是一款追踪 NASDAQ-100 指數的 ETF，該指數包括在納斯達克股票市場上市的 100 家最大的國內和國際非金融公司。截至最新更新，QQQ 的股息收益率相對較低，為 0.86%。這意味著，每投資 10,000 美元到 QQQ，投資者預計在一年內可以獲得約 86 美元的股息（假設股息收益率保持不變）。該 ETF 每季度分配股息。

不同 ETF 之間的股息收益率可能存在顯著差異，一些 ETF，如 SCHD 和 SPHD，專注於高股息收益率股票，可以提供可觀的收入流；其他 ETF，如 QQQ，更注重資本增值，並提供較低的股息收益率。

與往常一樣，投資者在選擇投資哪些 ETF 時，考慮自己的個人投資目標、風險承受能力和收入需求非常重要。股息在 ETF 投資中可以發揮至關重要的作用，特別是對於那些尋求收入的人來説。然而，與投資的各個方面一樣，在投資派息 ETF 時，考慮個人的個人投資目標、風險承受能力和稅務狀況非常重要。

11.2 股息收益率

ETF 的股息收益率,是一種財務比率,顯示公司每年相對於其股價支付多少股息。這是衡量投資產生的收入的一種方法。就 ETF 而言,收益率是根據 ETF 投資組合中標的股票賺取的股息和收入計算的。

例子:

1. Vanguard 高股息收益率 ETF(VYM):該 ETF 追踪富時高股息收益率指數,該指數衡量以高股息收益率為特徵的公司普通股的投資回報。截至最新更新,VYM 的股息收益率為 4.68%。這意味著,每投資 VYM 100 美元,投資者預計在一年內可以獲得約 4.68 美元的股息(假設股息收益率保持不變)。該 ETF 對於尋求穩定收入以及潛在資本增值的投資者來說很有吸引力。

2. SPDR 道瓊斯工業平均指數 ETFDIA):截至最新更新,DIA 的股息收益率為 2.88%。這是通過 ETF 支付的年度股息除以當前價格計算得出的。例如,如果 DIA 在過去一年支付了 5.40 美元的股息,當前價格為 187.50 美元,則收益率計算為(5.40 美元/ 187.50 美元)*100% = 2.88%,表示每投資 DIA 100 美元,投資者預計在一年內可以獲得約 2.88 美元的股息(假設股息收益率保持不變)。

3. SPDR S&P 500 ETF(SPY):該 ETF 追踪 S&P 500 指數,其中包括

在美國交易所上市的 500 家最大的公司。截至最新更新，SPY 的股息收益率相對較低，為 2.18%。這意味著，每投資 SPY 100 美元，投資者預計在一年內可以獲得約 2.18 美元的股息（假設股息收益率保持不變）。雖然與 VYM 相比，股息收益率較低，但 SPY 提供廣泛的產業和公司投資機會，從而帶來多元化收益。

4. Invesco QQQ Trust（QQQ）：截至最新更新，QQQ 的股息收益率相對較低，為 0.86%。這是通過 ETF 支付的年度股息除以當前價格計算得出的。例如，如果 QQQ 在過去一年支付了 2.60 美元的股息，當前價格為 302.00 美元，則收益率計算為（2.60 美元 / 302.00 美元）* 100% = 0.86%。這意味著，每投資 100 美元 QQQ，投資者預計在一年內可以獲得約 0.86 美元的股息（假設股息收益率保持不變）。

以下是一些提供高股息的 ETF 示例，以及它們最近 3 年的股息：

ETF 名稱	股息率	股息支付頻率
Vanguard High Dividend Yield ETF (VYM)	2.77%	季度
iShares Core S&P 500 Dividend Aristocrats ETF (NOBL)	3.02%	季度

SPDR S&P Dividend ETF (SDY)	3.15%	季度
ProShares S&P 500 Dividend Aristocrats ETF (NOBL)	3.28%	季度
WisdomTree US Dividend Growth ETF (DGRW)	3.40%	季度

ETF 的收益率對於注重收益的投資者來說是一個重要因素。然而，在做出投資決策時，考慮 ETF 的標的資產、風險水平和費用比率等其他因素也很重要。

11.3 ETF 收益率

這是一種更廣泛的指標，用於衡量投資的總回報，包括資本增值和收入（如股息或利息）。計算方式是將投資總回報除以投資的初始成本。

例如，如果投資者購買了價值 $100 的股票，一年後該股票的價值增加到 $110，並且投資者還收到了 $2 的股息，那麼投資者的收益率就是 12%（（$110+$2-$100）╱ $100）。

股息收益率專注於衡量投資者從股息中獲得的回報，而收益率則考慮了所有形式的投資回報，包括價格變動和收入。

2022 年股息收益率最高的 5 隻美國 ETF

1. QYLD–Global X NASDAQ 100 Covered Call ETF：掩護性買權 ETF，
追蹤 CBOE NASDAQ-100 Buy/Write Index，股息率為 11.97%，月配息，

管理費為 0.60%。

2. SPHD–Invesco S&P 500 High Dividend Low Volatility ETF： 高 股 息 低 波動 ETF，追蹤 S&P 500 Low Volatility High Dividend Index，股息率為 4.62%，月配息，管理費為 0.30%。

3. SCHD–Schwab U.S. Dividend Equity ETF：美國高股息股票型 ETF，追蹤 Dow Jones U.S. Dividend 100 Index，股息率為 3.00%，季配息，管理費為 0.06%。

4. VYM–Vanguard High Dividend Yield ETF： 高 股 息 收 益 ETF， 追 蹤 FTSE High Dividend Yield Index，股息率為 2.77%，季配息，管理費為 0.06%。

5. SPYD–SPDR Portfolio S&P 500 High Dividend ETF：標普 500 高股息 ETF，追蹤 S&P 500 High Dividend Index，股息率為 2.76%，季配息，管理費為 0.07%。

11.4 影響 ETF 收益率的因素

ETF 收益率是指 ETF 的投資報酬率，也就是 ETF 的價格變動和分配股息所帶來的收益。ETF 收益率在上節已略有介紹，其公式如下：

ETF 收益率 = 期末價格 - 期初價格 + 股息／期初價格

舉例來說，如果一個 ETF 在一年前的價格是 100 元，一年後的價格是 120 元，並且在這一年內分配了 5 元的股息，那麼這個 ETF 的收益率就是：

ETF 收益率 =120-100+5100=0.25

也就是 25%。由此公式可見，ETF 收益率是由其價格及股息所決定。

ETF 的價值和收益率很大程度上取決於其持有的基礎資產的表現。以下是一些與基礎資產表現相關的重要因素：

資產類型：不同的資產類型（如股票、債券、商品等）具有不同的風險和回報特性。例如，股票通常具有較高的波動性，而債券則較為穩定。

市場情緒：市場的整體情緒和投資者的信心會影響資產價格。正面的經濟消息可能會推高股票價格，而不利的消息可能會導致價格下跌。

公司表現：對於股票 ETF，持有的公司的財務表現、盈利預測和業務策略都會影響其股票價格。

利息和通脹：對於債券 ETF，利率的變動直接影響債券的價格。當利率上升時，現有債券的價格通常會下跌，反之亦然。

供需關係：商品 ETF（如黃金或石油 ETF）的價格受到供應和需求變化的影響。例如，當石油供應減少或需求增加時，石油價格可能會上升。

外部事件：突發事件，如自然災害、政治危機或大型企業醜聞，都可能對特定資產的價格產生短期影響。

ETF 的收益率是基於其持有的資產的價值。這些資產的價格變動會受到多種因素的影響，從宏觀經濟因素到特定資產的供需關係。

股息方面，ETF 的股息是由其投資組合中的成分股所派發的現金紅利，因此成分股的配息政策、配息金額、配息頻率等都會影響 ETF 的股息水平。ETF 的股息也會受到內扣費用的影響，這些費用是每年從 ETF 的淨值中扣除，無論盈虧都必須支付，因此會侵蝕投資者的收益。ETF 的股息還會受到市場環境的影響，例如利率變動、經濟景氣、產業趨勢等，這些因素會影響成分股的獲利能力和現金流量，進而影響其配息能力。

11.5 2022 年高收益率的 ETF

2022 年高收益率的 5 隻美國 ETF

1. ARKK–ARK Innovation ETF：創新型 ETF，追蹤 ARK Innovation Index，收益率為 111.18%，季配息，管理費為 0.75%。

2. TAN–Invesco Solar ETF：太陽能 ETF，追蹤 MAC Global Solar Energy Index，收益率為 99.29%，季配息，管理費為 0.70%。

3. PBW–Invesco WilderHill Clean Energy ETF：清潔能源 ETF，追蹤 WilderHill Clean Energy Index，收益率為 91.72%，季配息，管理費為 0.70%。

4. QCLN–First Trust NASDAQ Clean Edge Green Energy Index Fund：綠色能源 ETF，追蹤 NASDAQ Clean Edge Green Energy Index，收益率為 90.63%，季配息，管理費為 0.60%。

5. ARKG–ARK Genomic Revolution ETF：基因革命 ETF，追蹤 ARK Genomic Revolution Index，收益率為 88.07%，季配息，管理費為 0.75%。

2022 年高收益率的 5 隻香港 ETF

1. GX 恒生高股息率 ETF：這是一支追蹤恒生高股息率指數的 ETF，持有 50 隻在港交所上市的高息股票或房地產投資信託基金（REITs），涵蓋能源、金融、電力等多個產業，成立於 2019 年，資產規模約 8 億港元，每年配息兩次，2022 年的總報酬率為 0.39%，股息率為 7.27%。

2. 平安香港高息股 ETF：追蹤中證香港紅利指數的 ETF，持有 30 隻在港交所上市的高息股票，主要反映內地和香港進行經營活動和業務的高息股表現，涵蓋能源、金融、電力等多個產業，成立於 2017 年，資產規模約 16 億港元，每年配息四次，2022 年的總報酬率為 3.09%，股息率為 5.87%。

3. 華夏香港銀行股 ETF：追蹤納斯達克香港銀行股指數的 ETF，持有 10 隻在港交所上市的銀行股票，包括滙豐控股、中國銀行、工商銀行等知名企業，成立於 2018 年，資產規模約 3 億港元，每年配息兩次，2022 年的總報酬率為 5.21%，股息率為 4.47%。

4. 東匯香港 35ETF：追蹤恒生香港 35 指數的 ETF，持有 35 家在港交所上市、主要營業收入、盈利或資產來自中國內地以外地方的公司所組成的大型股公司，包括港交所、友邦保險、藥明生物等知名企業，成立於 2017 年，資產規模約 6 億港元，每年配息四次，2022 年的總報酬率為 -1.19%，股息率為 3.25%。

5. 華夏亞洲高息股票 ETF：追蹤納斯達克亞洲（日本除外）高息股票指數的 ETF，持有 50 隻在亞洲市場上市的高息股票（不包括日本），涵蓋能源、金融、電力等多個產業，成立於 2018 年，資產規模約 4 億港元，每年配息四次，2022 年的總報酬率為 0.18%，股息率為 2.67%。

2023 年 5 隻高收益率的新興市場 ETF

1. iShares Core MSCI Emerging Markets ETF（IEMG）：這是追蹤 MSCI 新興市場指數的 ETF，該指數涵蓋了約 2700 家來自 24 個新興市場國家的公司。這個 ETF 的規模很大，擁有超過 757 億美元淨資產，並且交易量很高，每日平均超過 2000 萬股。這個 ETF 的管理費率為 6.8%，低於同類平均水平。2023 年頭 7 個月回報為 14.83%。

2. Vanguard FTSE Emerging Markets ETF（VWO）：這是追蹤富時新興市場指數的 ETF，該指數涵蓋了約 5000 家來自 29 個新興市場國家的公司。這個 ETF 的規模也很大，擁有 409 億美元 ETF 資產，

並且交易量也很高，每日平均超過 1400 萬股。這個 ETF 的管理費率為 0.08%，也低於同類平均水平。2023 年頭 7 個月回報為 5.4%。

3. Schwab Emerging Markets Equity ETF（SCHE）：這是追蹤富時新興市場指數（寬）的 ETF，該指數涵蓋了約 3000 家來自 24 個新興市場國家的公司。這個 ETF 的規模較小，擁有約 90 億美元淨資產，但交易量仍然不錯，每日平均超過 200 萬股。這個 ETF 的管理費率為 0.11%，與同類平均水平相當。2023 年頭 7 個月回報為 5.14%。

4. SPDR Portfolio Emerging Markets ETF（SPEM）：這是追蹤 S&P 新興 BMI 指數的 ETF，該指數涵蓋了約 2500 家來自 25 個新興市場國家的公司。這個 ETF 的規模也較小，擁有約 77.5 億美元淨資產，但交易量也還可以，每日平均超過 100 萬股。這個 ETF 的管理費率為 0.07%，與同類平均水平相當。2023 年頭 7 個月回報為 6.21%。

5. iShares ESG Aware MSCI EM ETF (ESGE): 這是追蹤 MSCI 新興市場 ESG 策略指數的 ETF，該指數在選取新興市場公司時，考慮了環境、社會和管治（ESG）因素，並排除了一些不符合 ESG 標準的公司。這個 ETF 的規模較小，擁有約 47.2 億美元淨資產，交易量也不錯，每日平均超過 500 萬股。這個 ETF 的管理費率為 0.25%，高於同類平均水平。2023 年頭 7 個月回報為 6.01%。

（上篇完）

附錄：ETF 交易常見問題解答

什麼是 ETF？

ETF，或交易所交易基金，是一種在證券交易所交易的投資基金和交易所交易產品。ETF 與共同基金類似，但它們像交易所的股票一樣進行交易，並且在買賣過程中全天都會經歷價格變化。

ETF 如何運作？

ETF 旨在追蹤特定指數、產業、商品或資產類別的表現。它們由金融機構管理，這些金融機構為大量基礎資產創建和贖回 ETF 份額。

交易 ETF 有什麼好處？

ETF 具有多種優勢，包括多元化、與共同基金相比成本更低、像股票一樣交易的靈活性以及獲得廣泛的資產類別。

交易 ETF 有哪些風險？

與任何投資一樣，ETF 也存在風險。這些風險包括市場風險、流動性風險以及 ETF 無法完美追蹤標的指數或資產表現的風險。

ETF 和共同基金有什麼區別？

雖然 ETF 和共同基金都是投資基金的類型，但它們之間存在重大區別。 ETF 可以像股票一樣全天交易，而共同基金只能在交易日結束時以資產淨值價格進行交易。ETF 的費用比率通常低於共同基金，並為交易者提供更大的靈活性。

如何選擇 ETF 進行交易？

選擇 ETF 進行交易取決於投資者的投資目標、風險承受能力和交易策略。考慮 ETF 的基礎指數或資產、業績歷史、費用比率和流動性等因素。

什麼是 ETF 策略？

ETF 策略是關於如何在投資組合中使用 ETF 的計劃。這可能涉及使用 ETF 來獲得某些產業或資產類別的敞口、對沖其他投資或利用價格變動。

如何開始交易 ETF ？

要開始交易 ETF，投資者需要開設一個經紀賬戶。一旦投資者的賬戶設立完畢，投資者就可以下達買賣 ETF 的訂單，就像買賣股票一樣。

什麼是槓桿 ETF 和反向 ETF ？

槓桿 ETF 利用金融衍生品和債務來放大基礎指數的回報。反向 ETF 旨在通過做空股票從股票下跌中賺取收益。與標準 ETF 相比，這兩種類型的

ETF 都更複雜且風險更高。

什麼是 ETF 套利？

ETF 套利是交易者利用 ETF 與其標的資產之間的價格差異獲利的策略。這涉及買入或賣出 ETF 以及相關資產的相反頭寸，以從價差中獲利。

ETF 的費用比率是多少？

ETF 的費用比率衡量投資公司運營 ETF 的成本。費用率以基金平均淨資產的百分比表示。該成本被轉嫁給投資者並降低了基金的整體回報。

什麼是商品 ETF？

商品 ETF 是 ETF 的一種，投資於農產品、自然資源和貴金屬等實物商品。商品 ETF 是投資者獲得商品市場敞口的一種方式，而無需處理期貨合約的複雜性。

什麼是產業 ETF？

產業 ETF 是投資於特定產業或經濟部門的 ETF 類型。這使得投資者無需購買個股即可獲得特定產業的投資。

什麼是債券 ETF？

債券 ETF 是投資於債券的 ETF 的一種。債券 ETF 是投資者接觸債券市

場的好方法，可以提供收入和多元化收益。

什麼是股息 ETF ？

　　股息 ETF 是一種投資於派息股票的 ETF。這些 ETF 深受希望利用定期股息支付的注重收入的投資者的歡迎。

什麼是全球或國際 ETF ？

　　全球或國際 ETF 是投資於非國內市場的 ETF。這些 ETF 可以成為投資者接觸國際市場並實現投資組合多元化的好方法。

什麼是 ETF 交易的買賣價差？

　　買賣價差是買方願意為 ETF 支付的最高價格（買入價）與賣方願意接受的最低價格（賣出價）之間的差額。買賣價差越窄表明 ETF 的流動性越高（易於交易）。

被動 ETF 和主動 ETF 有什麼區別？

　　被動 ETF 旨在追蹤特定指數，而主動 ETF 由投資組合經理管理，投資決策的目標是跑贏指數。

什麼是 ETF 再平衡？

　　ETF 再平衡是重新調整 ETF 投資組合權重以維持其原始或期望的資產

平衡的過程。這通常涉及定期購買或出售資產以維持特定的資產配置。

什麼是 ETF 的資產淨值 (NAV)？

　　ETF 的資產淨值（NAV）是基金資產減去負債的總價值。每股資產淨值的計算方法是將總資產淨值除以已發行股票數量。

什麼是主題 ETF？

　　主題 ETF 是一種 ETF，旨在利用廣泛的宏觀經濟趨勢或主題，例如技術創新、環境可持續性或人口變化。這些 ETF 投資於與所選主題相關的一籃子股票。

什麼是 ETF 的追蹤誤差？

　　追蹤誤差是衡量 ETF 與其設計追蹤的指數的密切程度的指標。較低的追蹤誤差表明 ETF 在復制指數表現方面做得很好。

什麼是合成 ETF？

　　合成 ETF 是 ETF 的一種，它使用衍生品和其他金融工具來追蹤指數，而不是實際持有標的資產。這可以讓 ETF 追蹤難以用實物資產複製的指數，但也可能帶來額外的風險。

ETF 的溢價或折價是多少？

ETF 的溢價或折價是指 ETF 的市場價格與其資產淨值（NAV）之間的差額。如果市場價格高於資產淨值，則該 ETF 被稱為溢價交易。如果更低，則以折扣價交易。

什麼是貨幣 ETF？

貨幣 ETF 是投資於外幣的 ETF 的一種。這些 ETF 可用於推測匯率變化或對沖投資組合中的貨幣風險。

什麼是槓桿 ETF？

槓桿 ETF 是一種利用金融衍生品和債務來放大基礎指數回報的 ETF。當指數朝預期方向移動時，槓桿 ETF 可以提供更高的回報，但當指數朝相反方向移動時，它們也可能導致更大的損失。

什麼是反向 ETF？

反向 ETF 是一種 ETF，旨在作為其追蹤的指數或基準的反向交易。這意味著，如果指數價值下跌，ETF 就會上漲，反之亦然。

什麼是智能貝塔 ETF？

智能貝塔 ETF 是基於因子投資的交易所交易基金，它通過選擇和加權具有特定風格或宏觀經濟特徵的資產，來提高投資組合的回報和多元化。它可以幫助投資者在不同的市場環境下實現更穩健的表現，並減低不必要

的風險。

　　智能貝塔 ETF 是主動型的指數投資，它不是盲目地追隨市場基準，而是根據預期的風險和回報來分配資產，利用被證明能夠保持長期回報的因素，例如價值、動能、規模、質量、最低波動等，而且也適用於不同的資產類別，例如股票、債券、商品和貨幣等。

什麼是波動性 ETF？

　　波動性 ETF 是一種追蹤波動性指數的 ETF。這些 ETF 可用於從市場波動中獲利或對沖市場波動。

什麼是 ESG ETF？

　　ESG ETF 是一種將環境、社會和治理 (ESG) 標準應用於其投資決策的 ETF。這些 ETF 專為希望將投資與其價值觀或信仰保持一致的投資者而設計。這是一種將環境、社會和治理 (ESG) 標準應用於其投資決策的 ETF。這些 ETF 專為希望將投資與其價值觀或信仰保持一致的投資者而設計。

ETF 交易策略 上篇

作　　　者：香港財經移動研究部

出　　　版：香港財經移動出版有限公司

地　　　址：香港柴灣豐業街 12 號啟力工業中心 A 座 19 樓 9 室

電　　　話：（八五二）三六二零 三一一六

發　　　行：一代匯集

地　　　址：香港九龍大角咀塘尾道 64 號龍駒企業大廈 10 字樓 B 及 D 室

電　　　話：（八五二）二七八三 八一零二

印　　　刷：美雅印刷製本有限公司

初　　　版：二零二三年八月

如有破損或裝訂錯誤，請寄回本社更換。

免責聲明

本書僅供一般資訊及教育之用途，並不擬作為專業建議或對任何投資計劃的具體推薦。本書的出版商、作者以及參與創作本書的任何其他人士、機構於提供的信息的準確性、可靠性、完整性或及時性不作任何陳述或保證。金融市場瞬息萬變，本書的信息隨時發生變更，我們不能保證讀者使用時是最新的。

我們已竭力提供準確的信息，對於因提供的信息中的任何錯誤、不準確之處或遺漏，或基於本書中提供的信息而採取或不採取的任何行動，我們概不負責。讀者有責任自行研究並在進行投資計劃之前自行評估核實。本書的出版商、作者對因使用本書中提供的信息而可能導致的任何損失、不便或其他損害概不負責。

© 2023 Hong Kong Mobile Financial Publication Ltd.

PRINTED IN HONG KONG

ISBN：978-988-74267-9-0